단칼에 이해하는
만화 지정학

다시 별이 되어 떠난 알렉시스와 나니를 위해,
세 오리를 위해.

뱅상 피오레

Géopolitique Histoire et théories © **STEINKIS, 2023**
Written by Vincent Piolet and illustrated by Nicola Gobbi
Korean Translation copyright © 2024 by Taehaksa

이 책의 한국어판 저작권은 Icarias Agency를 통해
Steinkis와 독점 계약한 (주)태학사에 있습니다.
저작권법에 따라 한국 내에서 보호를 받는 저작물이므로
무단전재와 복제를 금합니다.

지정학은 세계를 어떻게 바꾸어 놓았을까?

단칼에 이해하는
만화 지정학

뱅상 피오레 지음 | **니콜라 고비** 그림
이수진 옮김

주니어태학

일러두기
책·잡지·신문명은 《 》로, 논문 등의 단편 글은 〈 〉로 표기했다.

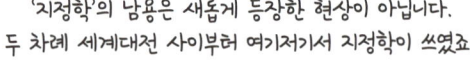

다들 아시겠지만 제 이름은 헤로도토스입니다.

…

서양철학의 시초를 다룰 때 철학자들이 플라톤과 아리스토텔레스를 언급하는 것처럼, 역사학자들 사이에서는 저, 헤로도토스가 유명하답니다. 심지어 '역사의 아버지'라 부르기도 하죠…

…지리학자나 지정학자 중에도 절 모르는 사람은 없어요…

…《역사》라는 제목으로 유명한 제 책에, 전 세계 제국들 사이 경쟁 관계를 최초로 분석한 지정학 논리의 실마리가 나와 있다고들 합니다.

저 사람은 인스타그램으로 토마 페스케* 팔로우 안 하나? 지구가 어떻게 생겼는지도 모르나 봐!

제가 살던 기원전 5세기 중엽에는 다들 지구가 저렇게 생겼다고 생각했습니다.

유럽

아시아

리비아

★ (편집자 주) 프랑스 출신 우주비행사.

★ (저자 주) 오늘날 튀르키예의 보드룸.
★★ 그리스인들이 페르시아 제국에 속하는 한 지방을 일컫는 '메디아' 지역으로부터 유래했다.

★★★ (편집자 주) 고대 그리스 스파르타의 왕(?~B.C.480). 제3차 페르시아 전쟁 때 테르모필레 전투에서 수적 열세에도 불구하고 페르시아의 대군을 격파하고 전사하였다. 재위 기간은 기원전 487~기원전 480년이다.
★★★★ (편집자 주) 테르모필레 전투를 배경으로 한 미국 영화. 레오니다스 왕도 등장한다.

본론만 말하자면 지정학은 사실 복수형인 지정학 '들'이라 불러야 마땅합니다. 19세기 말 지식인들의 삶에 등장한 이래 지정학의 정의 자체는 끝없는 논란의 대상이 되어왔죠.

지정학들

지정학은 학문인가 방법인가? 이는 사소한 질문이 아닙니다. 앞으로 보게 될 테지만, 이 질문에 대답하는 것이 분쟁에서 사용된 정치적 논의들을 유효하게 만들거나 무효화할 수 있기 때문이죠.

모두를 위해 가장 간단한 것부터 시작할게요. 지정학적 논리가 존재하기 위해서는 먼저 세 가지 요소가 필요합니다. 영토, 이해당사자들, 그리고 권력 관계죠.

여기서부터 문제가 복잡해집니다····.

지정학 이론의 탄생은 19세기 말에 이르러서야 인정을 받았고, 그 전까지는 세계, 영토, 민족에 대한 표상이 그 요소들 사이의 상호작용을 조직화하고 체계화해야겠다는 의지를 나타내지 못했어요.

교통수단의 발달, 제국주의적 정복, 과학적 탐험과 함께 비로소 유한한 영역의 세계를 지도로 나타낼 수 있게 되었죠. 남극 탐험을 통해 세계는 '미지의 땅 terra incognita'에서 벗어난 겁니다.

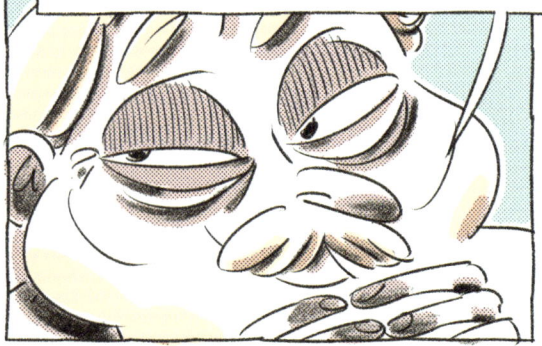

★ (편집자 주) 고대 그리스의 지리학자·역사학자(B.C.64?~A.D.23?). 지중해 연안의 각지를 여행하여 얻은 지식과 자료를 정리하여 《지리지》를 썼다.
★★ (편집자 주) 자연환경이 인간 생활에 미치는 영향이 절대적이라는 입장이다.

이 질문은 그 뒤로도 꾸준히 등장합니다. 지리적 환경에 의해 전적으로 제한되고 제약을 받는 민족들부터 시작해 모든 물리적 장애물이 사라진 민족에게까지 말이죠.

먼저, 수많은 지식인들은 절대적으로 결정론을 택했어요. 우리는 지정학 최초의 이론가인 프리드리히 라첼을 통해 이를 짚어볼 거고요…

이론이 다듬어지면서부터는 결정론을 매우 유연하게 받아들입니다. 자유의지의 비중을 파악하기 힘든 다중 결정 원리가 거론되기도 하죠.

혹시 제 말이 이해가 안 되나요? 그건 여러분 탓이 아닙니다. 비슷한 시기에 사회학이 탄생하는 것을 지켜본 사회학자 동료들처럼, 지정학자들도 사정이 같거든요! 결정론에 어떤 지위를 부여할지에 관한 질문은 늘 논쟁의 중심에 있답니다.

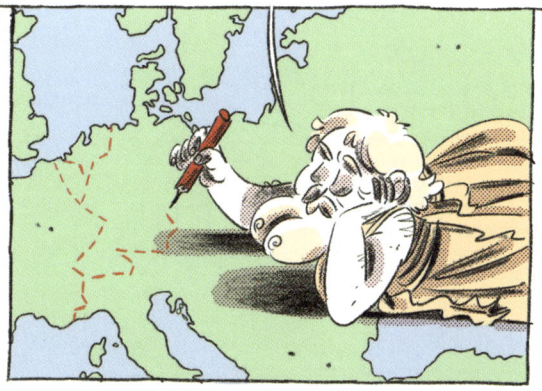

지정학 이론은, 지리적 조건이 어떤 방식으로 정치적 결정 및 행위의 근거가 되는지 설명할 수 있어야 합니다. 이에 대한 대답은 결코 단순하지 않아요.

모든 게 서로 다른 정치적 이해당사자들이 어느 순간에 같은 방향으로 결정을 내린다면, 그 이유는 무엇일까요?

예를 들어보죠. 독일-소련 불가침조약★★의 논리를 이해하는 것은, 동유럽을 나치 세력권과 소련 세력권으로 나누게 된 비밀 협정의 지리적 쟁점을 파악하는 것과 같습니다.

★★★ (편집자 주) 환경은 인간에게 선택의 가능성을 제공하는 데 불과하다는 입장이다.
★★★★ (편집자 주) 1939년 8월 모스크바에서 독일과 소련이 조인한 상호 불가침조약. 폴란드를 분배하고 동유럽 전체를 독일과 소련의 세력권으로 분할하는 것을 내용으로 하는 비밀 의정서를 덧붙였으나 1941년 6월 독일군의 소련 침공으로 무효화되었다.

★ (편집자 주) 독일 최대 탄광회사 명칭이자, 독일어로 '관세동맹'을 뜻한다. 졸페라인이 탄생할 무렵 독일이라는 통일국가가 없었기 때문에 도시들 사이에 관세동맹을 맺고, 이곳 탄광에서 석탄을 채굴하였다.
★★ (저자 주) Großdeutsch. 독일어를 사용하는 모든 지역이 독일이라는 하나의 국가로 뭉쳐 통일되어야 한다는 사상을 말한다.

1876년, 당신은 뮌헨에서 새로운 논문을 발표했습니다. 이번 주제는 캘리포니아로의 중국인 이주 현상에 관한, 일명 '문화지리학'에 관한 것이었죠.

거주지에 따라 관습의 변화를 겪은 이민자 집단의 공간적 분산을 연구하면서, 사람들은 그 속에서 다윈의 자연선택 이론을 보았어요. 하지만 당신은 '공간 진화론'을 발전시키기 위해 다윈과 거리를 두었죠.

그래서 지렁이는 언제 나와?

라이프치히 대학의 지리학 정교수가 된 당신은, 술집에서 맥주 — 역시 독일이네요 — 를 마시며 모임을 진행하는 일종의 전문가 서클인 지리학 모임을 결성했어요. 몇몇은 이 모임에 참석하려고 외국에서 오기도 했죠.

독일 사회에서는 민족주의 정서가 퍼져나갔고, 사람들은 범게르만주의*를 외치기 시작했습니다. 사람들은 과거 신화를 근거로 삼았어요. 튜턴 기사단**의 슬라브 지역 정복, 프로이센 군대의 위대함, 붉은 수염 프리드리히 1세 황제 전설···. 한자 동맹** 도시들의 금고에 돈이 넘치던 좋은 시절 말이죠.

"라떼는 말이야", 뭐 그런 거야? 어휴, 지겨워!

당시의 낭만주의에 흠뻑 젖은 이러한 표상들 뒤로, 실제로 범게르만주의는 그보다 훨씬 물질적인 욕망을 반영하고 있었어요. 그 중에서도 영토 확장의 경우, 인구 증가와 경제 역동성으로 필요성이 대두되었지만, 주변국의 보호주의 정책 때문에 어찌하지 못하던 상황이었거든요.

당신의 저술은 지리 결정론이 커다란 영향을 미쳤던 바로 이 시대에 쓰였죠. 화살표가 어디를 향하는지 기억해 두세요···.

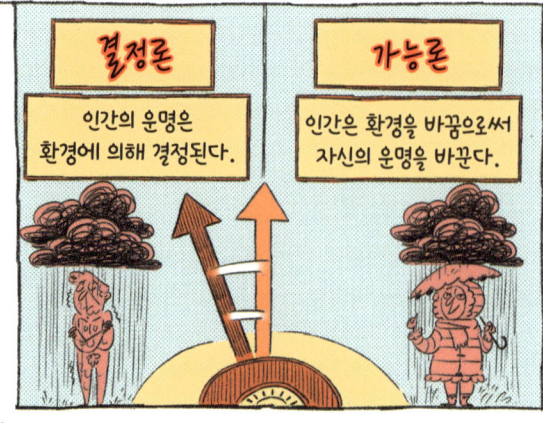

결정론
인간의 운명은 환경에 의해 결정된다.

가능론
인간은 환경을 바꿈으로써 자신의 운명을 바꾼다.

★ (저자 주) 게르만족 출신으로 여기는 모든 민족을 하나의 국가로 통합하려는 정책.
★★ (편집자 주) 독일 기사단이라고도 하며, 십자군 시대의 3대 종교기사단 가운데 하나.

라첼 씨. 국가에 대한 당신의 관점이 궁금하네요.

국가란 지구 표면에서 확장된 생명의 한 형태입니다. 움직이지 않는 땅 위에 민족의 삶을 구성하는 하나의 유기체지요. 땅과 국가란 이런 관계를 맺고 있어요. 서로가 없다면 존재할 수 없죠.

자신의 위치, 크기, 경계에 따라 유기적으로 구성되는 땅은 하나의 경제를 탄생시키고, 그 경제는 그 자체로 국가정책을 만들어냅니다. 물론 모든 땅은 동일한 가치를 지니지 않고, 그곳을 차지한 민족 역시 그러하지요⋯.

지형은 무역, 인구, 사회 조직에 영향을 미치고, 이는 국가정책을 결정합니다.

저는 여전히 다윈이 마음에 걸리네요⋯

생물체는 최약체가 멸종하고 마는 생존 경쟁 속에서 서로 싸우는 자연선택 과정을 거치며, 따라서 국가 역시 적응하고, 맞서고, 때론 소멸하는 게 당연합니다.

민족의 끊임없는 이동과 땅의 고정성 사이에서 하나의 모순이 발생하고, 공간을 둘러싼 경쟁은 그렇게 하나의 패러다임이 되었어요. 최초의 인종차별적 이론의 등장과 함께 인종 간 대립이 등장했던 것처럼, 당시는 카를 마르크스의 계급투쟁에 관한 패러다임이 서구 사회에 혁명을 가져다주었던 시대였죠. 다들 모든 투쟁의 끝은 좋지 못하단 걸 짐작하시겠죠⋯.

★★★ (저자 주) 12세기부터 17세기까지 흑해와 발트해를 중심으로 활동하던 북유럽 상업도시들의 연합으로, 무역과 기독교 확장을 통해 해당 지역을 크게 번영시키는 데 일조했다.

당신은 1901년에 '레벤스라움★★' 이론을 세웠어요. 식민지 정복에 있어 뒤처진 독일이 다른 제국들을 따라잡으려고 만든 이론이죠.

당신은, 동시대인들이 인종차별 이론을 발전시키는 계기를 마련했어요. 그들은 얼씨구나 하고 기회를 잡았어요. 당신은 독일 민족이 다른 민족보다 우월하고, 그렇기에 독일은 더 넓은 공간을 필요로 한다고 주장했어요. 그게 독일이 정복 전쟁을 정당화한 거예요.

당신이 퍼뜨린 이념은 빌헬름 2세 황제에까지 닿았죠. 그는 중부 유럽을 침략하고, 자신의 오스트리아-헝가리 동맹을 남쪽 발칸반도까지 확장하기로 결심했어요.

레벤스라움이란, 인구의 규모와 존재 방식에 따라 달라지는 하나의 유기체를 지탱하는 데 필요한 지리적 표면을 말합니다. 환경에 적응하기 위해 하나의 민족은 관습, 기술, 사회 조직을 유기적으로 구성할 수 있고 그로부터 국가가 탄생하죠.

절 이해해 주세요! 프랑스나 영국 같은 다른 식민제국과 달리, 독일은 적국 민족에 둘러싸여 한정된 영토에 머물러야 했다고요. 그래서 연맹의 동료들과 함께 공격에 나서고자 한 겁니다.

우리는 슬라브족을 지지하는 러시아가 위협이 되리란 걸 알았어요. 슬라브족 숫자가 너무 많아서 독일의 레벤스라움을 죄다 차지하고 있었다고요.

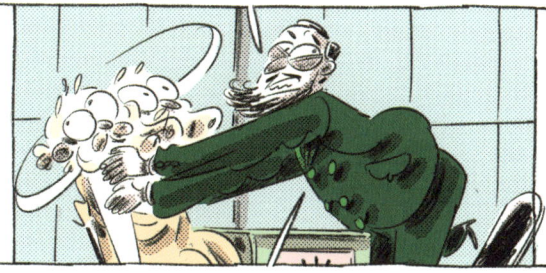

오스만제국 소유였던 보스니아-헤르체고비나를 오스트리아-헝가리 제국이 1908년 합병하면서, 그곳에 거주하던 슬라브족들의 갈등을 불러왔습니다. 제1차 세계대전의 그림자가 드리워졌죠.

★★★★ (저자 주) 레벤스라움은 인구·경제 면에서 한 나라에 필요한 국토를 뜻하는 생활권과 생존권을 의미한다.

프랑스는 동맹을 구해야 했습니다. 가장 먼저 구한 동맹은 러시아였습니다. 슬라브족은 놀랍게도 원하는 게 우리와 같았거든요. 동맹은 1892년부터 맺었습니다. 저는 축배를 들었지만, 유럽 내 긴장은 여전히 높았죠.

독일과 친선 관계를 맺을 모든 가능성을 차단하고자, 우리는 서둘러 영국과 동맹을 맺었어요. 프랑스로서는 어쩔 도리가 없었죠. 영국과 독일이 동맹을 체결한다면 우리는 무력해질 테니까요.

우리 친구 영국을 설득하는 건 그리 어렵지 않았답니다. 그들 역시 독일이 해군력을 키우는 것을 보고 걱정이 많았거든요. 1904년 체결된 프랑스와 영국의 동맹을 영불협상*이라고 부릅니다. 프랑스, 영국, 러시아 사이의 동맹은 제1차 세계대전 당시 독일에 맞서 삼국협상이 탄생하는 초석이 되었어요. 당시 독일은 오스트리아-헝가리, 이탈리아와 삼국동맹의 형태 아래 우호 관계를 맺는 데 전념했죠.

★ (편집자 주) 1904년에 영국과 프랑스가 맺은 협정. 독일의 세계정책에 대항하여 영불의 식민지 문제에 대한 이해의 대립을 조정하기 위한 것으로, 뒤에 영러협상과 함께 삼국협상으로 발전하였다.

셰라담 씨, 당신은 독일 민족이 더 넓은 생활권을 가질 운명이라는 예정설 및 국가에 대한 유기적 개념과, 프랑스혁명을 계승한 민족자결주의를 대립시켰죠. 당신은 우리의 출신이 어딘지, 어떤 '피'가 흐르는지는 중요치 않고, 민족을 형성하는 것은 오로지 정치적 공동체라고 주장했어요.

1916년, 당신의 저서 《범게르만주의 계획의 민낯》은 여러 개정판과 수많은 번역서를 낳으며 큰 성공을 거뒀습니다. 언론의 메커니즘을 잘 이해하고 있던 당신은, 대중에게 당신의 주장을 어떻게 전파할지 알고 있었고, '충격적인' 지도 이미지를 사용했죠.

저는 '중세 요새' 지도를 좋아해요!

'거미줄' 지도는 대중에게 아주 잘 먹혔죠! 독일이 지중해뿐만 아니라 페르시아만까지 접근하려 한다는 게 분명하게 드러났거든요!

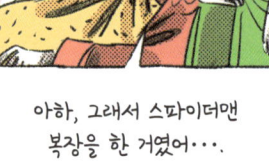

아하, 그래서 스파이더맨 복장을 한 거였어···.

'잉크 얼룩' 지도는 두려움을 자극하는 효과가 좋았어요. 독일의 세력이 얼마나 퍼져 있는지 잘 드러났거든요!

이 '잉크 얼룩' 지도들은 1916년, 독일과의 전쟁 개시를 망설이던 미국에게도 효과적이었죠. 남미를 물들인 '얼룩'이 대중에게 비로소 '음모론'을 시각화시켜주었거든요. 여론은 전쟁에 당장 뛰어들기에 충분할 만큼 무르익었죠···.

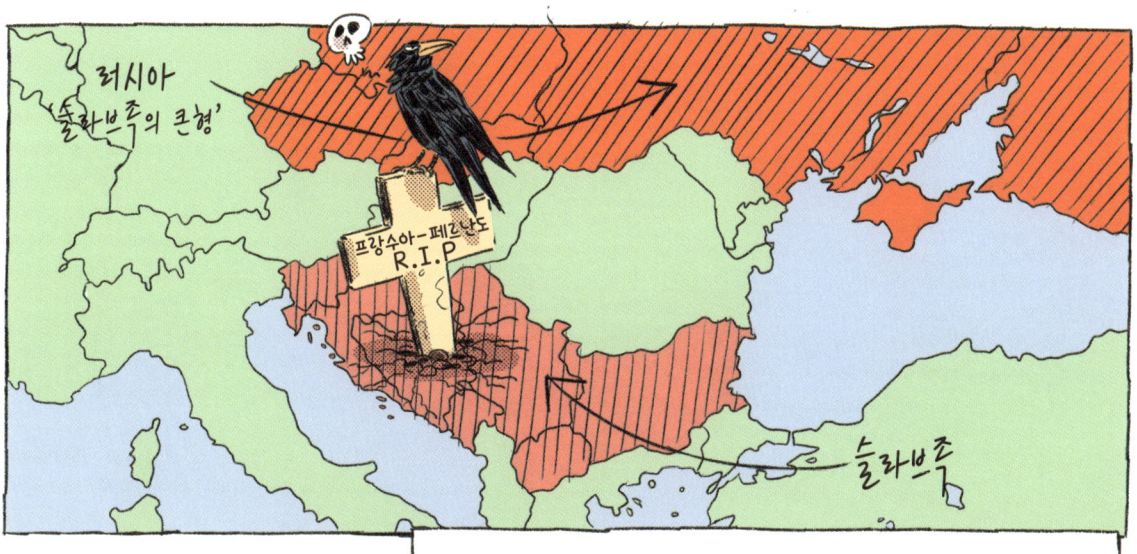

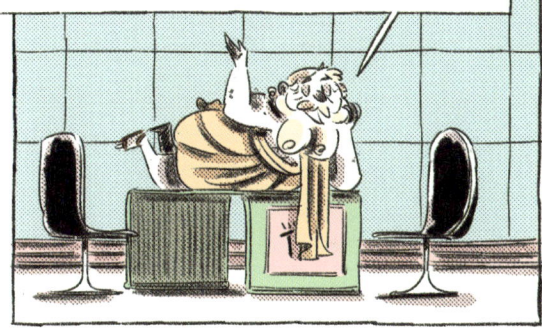

★ (편집자 주) 독일의 수학자·물리학자·철학자·신학자(1646~1716), 신학적·목적론적 세계관과 자연과학적, 기계적인 세계관과의 조정을 기도하여 단자론에서 '우주 질서는 신의 예정 조화 속에 있다'는 예정 조화설을 전개했다.

여긴 독일의 제 동료, 카를 하우스호퍼입니다. 제 사상을 좋은 쪽이든 나쁜 쪽이든 연장시킨 분이죠. 그는 제 분류 체계 중에서 지정학만을 받아들였어요….

나쁜 쪽이었죠!

저는 독일을 최상위에 두고 국가들을 분류하고자 했어요! 독일의 팽창주의를 보면 독일이란 나라가 얼마나 강한지 알 수 있어요. 저는 스웨덴 국민에게 중립을 유지하는 대신 이 위대한 국가와 동맹을 맺자고 설득하기도 했죠….

하우스호퍼 씨, 안타깝게도 당신은 나치 정권을 위해 수많은 분석을 내놓았고, 지정학을 꺼림칙한 학문으로 만드는 데 일조했죠.

당신의 신비주의 나치즘에서 영향을 받아 툴레 협회*라는 비밀결사 조직이 결성되었고, 이들이 나치 이데올로기를 세웠죠. 이 조직은 지금은 사라진 툴레라는 섬에 관한 신비주의 신화를 바탕으로 탄생했는데, 자기들끼리 공유하는 비밀에 따르면 이 섬에는 선택된 독일 민족인 아리안족이 살았다고 합니다.

이 상징을 보니 뭔가 떠오르는데….

이들은 사실 아틀란티스, 비행접시, 인어에 열광했던 반유대주의, 인종차별주의, 민족주의자들의 집단에 가까웠어요.

전 지정학에 관해 많은 책을 썼습니다…. 제1차 세계대전이 끝난 뒤에는 군사 교육에 힘을 바쳤죠. 자국 상황이 한심하기 그지없었거든요….

레드스컬**이 신비주의 나치즘을 승인합니다

★ (편집자 주) 1918년 독일에서 출범한 신비주의 연구단체. 툴렌은 그리스·로마시대에 알려진 전설상의 섬이다. 아리안족의 우월성을 입증하는 연구를 주로 했으며, 히틀러 등 반유대주의자들이 참여하여 초기 나치즘의 사상적 배경의 일부를 형성한 것으로 알려진다.
★★ (편집자 주) 마블 코믹스에서 출간한 만화책에 슈퍼빌런으로 등장하는 가상인물. 캡틴 아메리카의 최대 적이며, 나치의 요원으로 묘사된다.

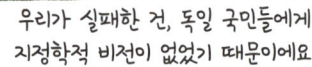

* (저자 주) Volksgeist, 독일의 민족정신.
** (저자 주) Mitteleuropa, 독일어로 19세기부터 제2차 세계대전까지 중부유럽을 지칭하는 데 사용한 개념이다.
*** (저자 주) Deutschtum, 해외 게르만주의 단체 또는 VDA(해외 독일인 협회).

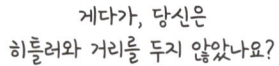

지금까지는 유럽을 주로 다루었는데요, 대서양 건너편에서도 지정학은 발전하고 있었답니다.

현재 미국의 영토는, 미국 세력과 유럽 국가들 사이 수많은 싸움의 대가이자, 온갖 종류의 전쟁 및 이면 공작의 몫으로 조금씩 덧붙은 겁니다. 큰 희생을 치렀던 아메리카 원주민들의 운명도 잊지 마세요.

19세기 초로 잠시 돌아가 봅시다. 당시 북미는 이런 모습이었어요.

지금의 미국과는 영 딴판이지 않나요?

당시 미국인들은 미시시피 동부에 살고 있었어요. 이곳은 1783년에 끝난 독립전쟁 이후 영국으로부터 해방된 지역이었죠. 영국은 여전히 현재의 캐나다 영토 대부분을 차지하고 있었어요. 스페인은 서부와 남부, 프랑스는 루이지애나 및 북미 대륙의 중부, 러시아는 알래스카라고 명명한 북부 지역을 차지했죠.

프랑스령 루이지애나는 금방 해결됐어요. 유럽에서의 전쟁으로 바빴던 나폴레옹은 돈이 필요했고 이 지역에 신경 쓸 여유가 없었죠. 그는 1803년 현재 미국 달러 가치로 3억 3,700만 달러에 해당하는 금액으로 루이지애나를 미국에 팔아넘겼어요. 1km²당 157 달러꼴이었죠.

파리에서는 상상도 못할 가격이네!

그 후로 수십 년에 걸친 서부 정복의 시대가 이어졌죠. 미국은 대륙 서쪽을 식민지화하면서 태평양까지 진출했어요.

미국 식민지화의 근간에는 종교적 믿음이 깔려 있었어요. 미국이 서부로 '문명'을 확장시키는 신성한 임무를 부여받았다는 거죠.

미국은 이러한 예정설이 불가피하다고 믿었죠. 영생의 삶을 살도록 신에게 선택받은 이들이 있는가 하면, 그럴 기회가 주어지지 않은 선택 받지 못한 이들도 있다…

…식민지 개척자들은 '명백한 운명'이라고 이름 붙인 이것을 실현해야 한다고 믿었답니다.

"생육하고, 번성하여, 땅을 가득 채워라. 땅의 주인이 되어라. 바다의 생선, 하늘의 새, 땅의 모든 파충류와 곤충들을 지배하라." 창세기 1 : 28

19세기 초 미국은 비약적인 성장을 이루어냈습니다. 이주와 출생으로 인구수가 4배로 뛰었고, 영토 면적 역시 4배로 늘었으며, 경제성장으로 세계 강대국의 일원이 되었죠.

미국은 이를 '명백한 운명'이 실현되었다는 표식으로 받아들였어요!

젊은 시절의 프리드리히 라첼은 미국을 방문했을 때, 그곳에서 명백한 운명의 결과를 두 눈으로 똑똑히 보았죠. 독일을 위한 그의 이론 레벤스라움은, 한 민족의 예정설에 대한 믿음에서 일부 기인했던 겁니다.

라첼, 쉘렌, 하우스호퍼의 이론들이 다양한 범게르만주의 정책에 힘을 실어주었다면, 다음 초대 손님은 명백한 운명의 지지자들에게 든든한 지원군이 되었답니다.

바로 앨프리드 머핸, 일명 '해군 철학자'를 소개합니다….

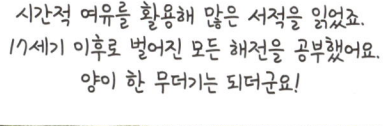

그가 말하는 테디는 미국의 대통령 시어도어 루스벨트인 것 같군요. 백악관과 지금 연결된 것 같네요. 시차 때문에 지금 그곳이 몇 시인지는 모르겠지만, 분명한 건 지금은 19세기 말입니다.

나의 친구 앨프리드 머핸은 모든 걸 꿰뚫어 보았네요! 미 정부는 그의 이론을 실행에 옮기고 있답니다.

대통령으로 당선되기 전, 저는 해군 차관보였죠. 제가 말씀드릴 수 있는 건, 우리가 군함을 만들었다는 겁니다! 꼭 필요한 일이었죠.

카리브해에는 스페인 해군이 너무 많았습니다. 우리는 그들에게 경고했어요. 먼로주의는 농담이 아니었죠. 유럽 놈들을 싹 쓸어버려야….

먼로주의?

먼로주의란, 유럽인들에게 휴가가 끝났음을 알린 미국 대통령 제임스 먼로의 1823년 연설 속에 등장한 외교방침을 말합니다. 아메리카 대륙에 대한 유럽 국가의 개입은 더는 용인되지 않을 것이며, 이제 모든 영토에 식민지 건설을 금지한다고 선언한 것이죠. 대신 미국도 유럽에 개입하지 않겠다는 외교상 불간섭주의를 표명했습니다.

먼로주의는 수십 년 동안 미국 대외정책의 주요 원칙으로 자리했습니다. 그렇게 유럽은 더는 아메리카 대륙을 점령할 수 없었지만, 명백한 운명에 의해 고무된 미국은 정복을 거리낌 없이 이어나갔습니다!

그리고 우리는 앨프리드, 자네의 조언에 따라 섬의 영토를 취해 그곳에 석탄 저장고, 보급용 장소, 관타나모 해군기지를 설립했지.

아하, 그 유명한 관타나모 수용소? 이라크와 아프가니스탄 전쟁 동안 미군이 잡아들인 포로들로 넘쳐난다는···.

CAMP DELTA 1
캠프 델타1 최고보안시설
자유수호를 위한 명예구역

당신의 제국주의적 열망은 여기서 그치지 않았죠. 게다가 당신은 당신의 외교 정책을 '커다란 몽둥이 Big Stick', 일명 곤봉 정책이라 불렀죠···.

곤봉 정책이란 이름, 꽤 괜찮지 않나요? 아프리카 속담에서 빌려온 거랍니다. "말은 부드럽게 하되, 커다란 몽둥이를 지니고 다녀라."

카리브해

우리는 쿠바 말고도 푸에르토리코를 획득해 미군 기지를 하나 더 지었어요. 이것 역시 앨프리드의 생각이었죠.

로마제국에게 지중해가 그랬듯, 카리브해는 우리의 '마레 노스트룸 Mare Nostrum*'이 되었답니다.

푸에르토리코

하와이
괌
필리핀

태평양 쪽으로 우리는 하와이 말고도, 스페인으로부터 획득한 괌에 미군 기지를 추가로 설치했죠. 계속 서쪽으로 진출하면서 필리핀 역시 획득하기 위해서였어요.

★ (편집자 주) 라틴어로 '우리의 바다'라는 뜻이다.

미국은 스페인으로부터 필리핀 제도의 독립을 지지했지만, 결국 필리핀의 지배자가 스페인에서 미국으로 바뀐 것에 불과한 결과를 낳았죠. 그 과정에서 수십만 명의 사람들이 죽어 나갔고요.

나는 몽둥이를 꺼냈을 뿐….

'미국 제국주의'라고 불리는 것이 진행되고 있었죠….

역대 미국 대통령들은 20세기 초반, 중남미로 수많은 군사 개입을 정당화하기 위해 루스벨트 필연을 내세웠습니다. 곧 등장할 쿠바 개입뿐 아니라 니카라과, 아이티, 도미니카 공화국까지…. '필연'이라는 용어는 귀결과 동의어로, 여기서는 먼로주의의 귀결을 뜻합니다. 미국이 아메리카 대륙으로의 외부적 개입을 더는 용인하지 않는 것뿐만 아니라, 그들의 이권에 따라 그것을 수정할 권리 또한 손에 쥐겠다고 공표한 겁니다.

미 해군은 세계에서 가장 강한 세력 중 하나가 되었습니다.

다른 국가들도 이를 잘 알고 있었습니다.

독일의 경우를 떠올려 봅시다. 독일 해군은 급속도로 발전하고 있었어요. 마헌은, 해군을 정복 전쟁을 치르기 위해 꼭 필요한 수단으로 여겼거든요. 빌헬름 2세 황제가 그의 조언을 따랐죠.

마헌의 업적은 영국에 성공을 안겨줬어요. 영국은 해양강국이라는 지위를 유지하기 위해 해군에 막대한 투자를 쏟아부었죠.

일본도 이에 동의했습니다. 1890년과 1914년 사이 일본 해군 예산은 열 배로 껑충 뛰었어요. 그 덕에 일본은 1905년 러시아와의 전쟁에서 승리를 거둘 수 있었습니다. 서구 열강이 패배한 것은 수백 년 만에 처음이었습니다. 이를 기회로 일본은 중국, 만주, 조선을 손에 넣었죠.

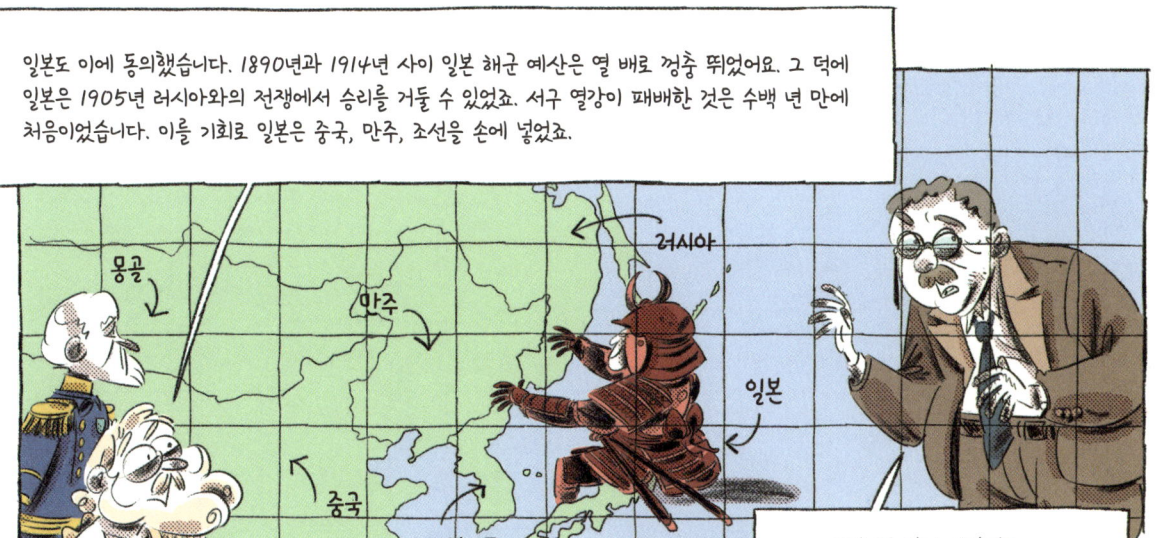

이건 제 탓이 아닌데요···

맞거든요? 당신은 당신 대륙에서 영토를 확장하느라 바빠서 몰랐겠죠.

저는 새롭게 알아낸 정보를 테디에게 전했습니다. 그 누구도 우리의 해양력을 부인하지 못했지만, 태평양 서부 연안에 있는 미국 함선들이 혼곶*을 통해 멕시코만으로 가려면 너무 많은 시간(무려 2개월이나!)이 걸린다는 사실이었죠.

해군은 집약적으로 존재해야 하며, 모든 군사력을 하나로 모아야 합니다. 분산되어서는 안 되죠.

그걸 해결하기 위해 루스벨트 필연이 또다시 떠오른 겁니다···

미국은 파나마 운하 개통에 앞장서며, 아메리카 대륙에서의 지배력을 공고히 다졌고···

···군사적으로 그 길목을 차지하게 됐죠···

★ (편집자 주) 남아메리카 가장 남쪽에 있는 곶. 칠레령으로 티에라델푸에고 남쪽 혼섬에 있다.

43

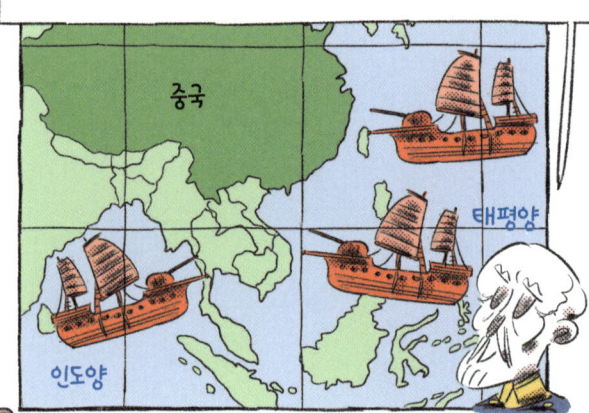

프리드리히 라첼처럼 해퍼드 매킨더는 옥스퍼드 대학에서 동물학을 공부했고, 이후 지리학을 공부했죠. 그는 스스로 현장을 누비는 지리학자라 여겼습니다. 그는 5,199m에 달하는 케냐산*을 등정한 최초의 서구인이었죠.

그는 런던 왕립 지리학회에서 〈역사의 지리학적 주축〉이라는 논문에 사용한 이론으로 1904년 귀족 작위를 받았습니다. 정치적 사건들 속에서 지리 결정론을 강조함으로써 역사를 새로 쓴 겁니다.

물리학 수업을 떠올려 봅시다…. 아르키메데스는 회전축에 작용하는 힘을 쉽게 계산하기 위해, '주축'인 받침점을 잘 찾는다면 지렛대로 지구도 들어 올릴 수 있다고 말했죠.

그리고 매킨더는 모든 힘의 균형점이 되는 지대, 그 '주축'을 찾는다면 세상을 지배할 수 있다고 주장했어요….

★ (편집자 주) 케냐에 있는 산으로, 아프리카에서는 킬리만자로산에 이어 두 번째로 높다.

···하지만 유럽이 세계를 지배하던 시기는 끝났습니다. 세계의 모든 영토를 인간이 발견한 후부터 항해의 유일한 이점이 사라진 겁니다. 그때부터는 육상 교통이 이득을 가져다주었고, 철도가 종래의 판도를 뒤집었어요.

대륙횡단 열차들은 인구, 상업, 지식의 이동을 가능하게 했습니다. 철도의 힘은 시 파워가 누리던 패권에 종말을 고했죠.

심장 지대가 지정학적으로 지배력을 다지는 데 그토록 중요한 이유는 뭔가요? 그냥 서쪽으로는 우랄산맥, 동쪽으로는 동시베리아의 툰드라, 남쪽으로는 히말라야, 북쪽으로는 북극이 있는 지역일 뿐인데요.

그냥 허허벌판 같은데?···

바로 그겁니다! 심장 지대는 외부에서 침투할 수 없는 요새와 같은 지역이죠. 천연자원과 원자재가 풍부해서 너른 영토 내에서 자급자족이 가능해요. 내부의 인구 순환은 시베리아 횡단철도와 9,300km의 철로를 통해 용이하고요.

여기서 가장 많은 몫을 차지하는 건 러시아인가요?

맞습니다! 하지만 중요한 요소가 하나 빠졌어요. 러시아가 세계를 정복하려면 바다에 접근해 군함을 배치해야 하죠. 그렇게 되면 뒤로는 심장 지대라는 요새를 두고 있어 그 누구도 러시아를 무너뜨릴 수 없게 됩니다···.

이것이 바로 '그레이트 게임'의 시작입니다···.

그레이트 게임이란, 19세기 아시아에서 러시아와 영국 간 경쟁 관계를 일컫는 표현입니다. 러시아가 인도양에 접근하기 위해 남하하면, 북쪽으로 세력을 확장하고자 했던 영국의 식민지인 거대한 인도 제국과 맞닥뜨리게 됩니다.

1893년, 당시 인도 제국의 일부였던 현재의 파키스탄을, 아프가니스탄으로부터 분리하는 듀랜드 라인*을 긋게 됩니다.

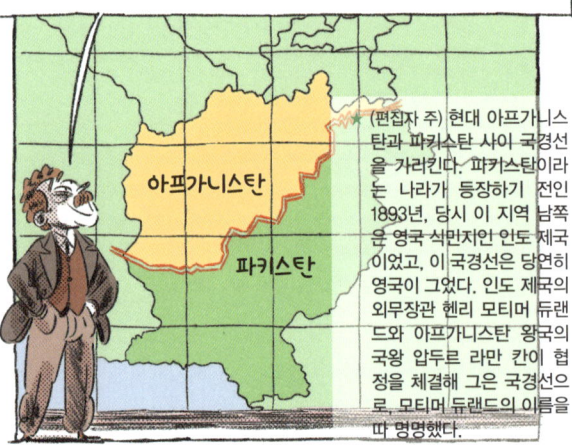

* (편집자 주) 현대 아프가니스탄과 파키스탄 사이 국경선을 가리킨다. 파키스탄이라는 나라가 등장하기 전인 1893년, 당시 이 지역 남쪽은 영국 식민지인 인도 제국이었고, 이 국경선은 당연히 영국이 그었다. 인도 제국의 외무장관 헨리 모티머 듀랜드와 아프가니스탄 왕국의 국왕 압두르 라만 칸이 협정을 체결해 그은 국경선으로, 모티머 듀랜드의 이름을 따 명명했다.

10월 혁명 이후, 1917년 소비에트연방공화국이 된 러시아는 1918년 독일과 브레스트-리토프스크 조약(일명 독-러 단독 조약)**을 맺으며 제1차 세계대전의 싸움을 끝냈죠. 전 패닉 상태에 빠졌습니다. 독일과 러시아의 동맹은 세력의 균형을 크게 해칠 거고, 아무도 러시아의 팽창을 막을 수 없을 테니까요.

** (편집자 주) 1918년 3월 3일 러시아혁명으로 출범한 러시아의 소비에트 정부가, 제1차 세계대전 교전국인 독일·오스트리아·불가리아·튀르키예 등과 체결한 단독 강화조약.

갈등은 불가피한 건가요?

어느 정도는 피했다고 할 수 있죠. 몇 년 동안 두 제국의 국경선은 점점 가까워졌습니다. 해결책은 두 국가 사이에서 아프가니스탄이 완충국 역할을 해주는 겁니다. 두 강대국이 직접 전쟁을 벌이는 걸 막아주죠.

러시아가 세계를 지배하는 꼴을 보기 싫다면 끓는 우유를 살피듯 러시아를 감시해야 합니다. 제1차 세계대전 직전, 영불협상에 러시아를 끼워 삼국협상을 형성하면서 우리는 러시아를 감시할 수 있게 되었죠.

다행히 사람들은 제 말을 들어주었죠!

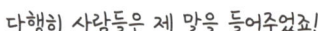

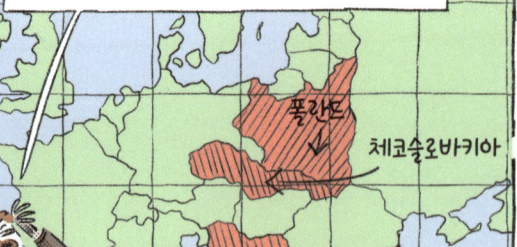

아프가니스탄의 경우처럼 독일과 러시아의 화친을 막기 위해, 유럽을 재건하는 평화조약을 체결할 때 두 국가 사이에 완충지대가 조성되었습니다. 여러 슬라브 국가들이 구성되거나 재구성되었는데, 폴란드, 체코슬로바키아, 유고슬라비아가 여기에 속합니다. 조금이나마 우리에게 시간을 벌어준 거죠!

기억해 두세요. 하우스호퍼는 라첼과 그의 레벤스라움에 큰 영향을 받았고, 매킨더의 업적 또한 알고 있었답니다. 그는 독일이 동유럽을 지배하기 바랐고 러시아, 즉 심장 지대를 향해 세력을 확장하기를 바랐습니다.

동유럽을 지배하는 자가 심장 지대를 지배하고, 심장 지대를 지배하는 자가 세계-섬을 지배하며, 세계-섬을 지배하는 자가 곧 세계를 지배합니다.

그에겐 비밀이지만, 세계 지배를 가능하게 하는 전능한 지역인 심장 지대 이론은 이 시기 영국의 두려움을 반영하고 있습니다. 영국 입지의 격하와 소련 세력에 대한 공포 말이죠.

여러분이 기억하실지 모르겠지만, 지정학 담론은 표면적으로는 불변의 과학 규칙을 정의한다고 주장하지만, 종종 역사의 특정한 지점에서의 세력 관계를 반영하거나, 최악의 경우 프로파간다를 목적으로 한 정치 이념을 표방하곤 합니다.

오늘날 심장 지대 이론은 다시 전면에 등장했어요.

정치적 우위가 위태로워졌다고 여긴 서구 국가들의 두려움을, 새로운 강대국으로 부상한 중국이 자극한 거죠.

중국은 중앙아시아에서 2013년부터 '일대일로 (신新실크로드 정책)'라 불리는, 거대한 무역 및 통신 노선을 개발하면서 권력 욕구를 드러냈습니다. 많은 서구 국가들은 중국이 심장 지대를 통해 세계를 지배하려는 거라고 여기죠!

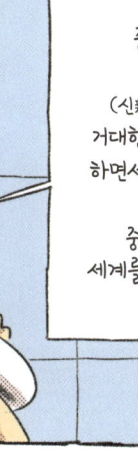

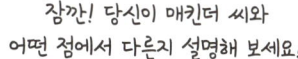

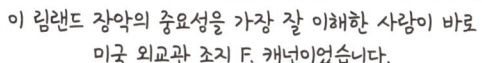

이 림랜드 장악의 중요성을 가장 잘 이해한 사람이 바로 미국 외교관 조지 F. 캐넌이었습니다.

모스크바에 자리를 잡은 그는 미국 정부 부서(외무부에 해당)에, 소련의 이데올로기는 미국의 자유주의 이데올로기와 양립할 수 없으며, 따라서 전쟁이 불가피하다는 사실을 긴 전보를 통해 알려왔습니다.

오늘날 여러분 눈에는 이게 명백해 보일지 몰라도, 당시 미국과 소련은 제2차 세계대전 동안 동맹 관계를 맺어왔다는 사실을 잊지 마세요.

당시 세계에는 두 개의 초강대국이 존재했죠. 태양이 둘일 수는 없으니, 하나는 굴복해야 마땅했어요. 미국 대통령 해리 S. 트루먼은 1947년 자신의 독트린을 선언했어요. 소련 이데올로기 저지를 위해서 미국이 어디든 개입할 거란 내용이었죠. 이것이 바로 봉쇄 전략 containment strategy입니다. 그렇다면, 세계를 지배하는 데 있어 전략적으로 중요했던 지역은 어디일까요?

림랜드?

빙고! 시작부터 아주 시끌시끌했겠죠….

1948년, 전후 서유럽이 소련 진영으로 기울지 않도록 해리 S. 트루먼은 서유럽 재건을 위해 해당 지역 GDP의 10%에 달하는 수십억 달러를 쏟았죠. 이게 바로 마셜 플랜*입니다! 글자 그대로 미국 상품들이 프랑스, 이탈리아, 영국, 독일 시장을 잠식했죠….

독일요? 정확히는 서독 아닌가요?

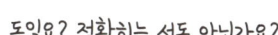

오, 맞습니다. 동독과 동유럽 전역은 마셜 플랜에서 배제되었죠. 손댈 수 없는 소련 진영이었으니까요.

★ (편집자 주) 제2차 세계대전 후 미국의 원조로 이루어진 유럽의 경제 부흥 계획. 1947년 6월, 당시 국무장관이던 마셜이 하버드 대학에서 행한 연설이 기초가 되어 파리에서의 유럽 부흥 회의 보고서를 검토한 뒤 작성한 계획으로, 그때까지의 국가별 원조를 지양하고 지역적인 원조를 주장하는 내용을 담고 있다.

3년 동안 300~500만 명의 사망자를 낸 후, 전쟁은 그것이 시작된 38도 선 부근에서 끝났습니다.

끔찍해라! 그 모든 것의 결과가 원점이라니….

그렇긴 하죠. 하지만 봉쇄 전략은 유지되었습니다!

림랜드를 지키고자 하는 미국의 의지는 강박적일 정도였어요. 그래서 미국을 '조약광Pactomania'이라고 부르기도 했어요. 앞에서 이미 서유럽 수호를 위한 NATO*를 언급했죠. 이 밖에도 수많은 조약들을 맺은 걸로 아는데요?

맞습니다! 소련을 저지하기 위해 우리는 수없이 많은 군사 조약과 협력을 맺었답니다. 심장 지대가 바다와 연결될 수 있는 통로는 모두 차단한 겁니다.

1951년에는 호주, 뉴질랜드와 함께 앤저스ANZUS**를 맺었고, 사우디아라비아와도 상호방위협정을 맺었죠.

1954년에는 대만과 상호방위조약, 필리핀·태국·파키스탄과 동맹을 맺기 위해서는 시토SEATO***를 체결했죠.

1955년에는 튀르키예, 이란, 이라크와의 동맹으로 바그다드 조약을 맺었답니다.

■ 앤저스
■ 시토
■ 림랜드
■ 바그다드 조약

하지만 이 모든 조약에도 미국 정부는 안심하지 못했어요. 도미노 효과라고 하죠? 이들 중 한 국가가 공산화되면 이웃 국가들을 끌어들이며 모두가 차례로 무너지게 되는 겁니다. 그런 우려를 자아내는 한 국가가 있었으니…

바로 베트남이었습니다. 프랑스 시청자들은 잘 알고 있는 나라일 겁니다. 프랑스 식민지였으니까요.

베트남

★ (저자 주) 나토: 북대서양조약기구
★★ (저자 주) 앤저스: 미국, 호주, 뉴질랜드 안전보장조약
★★★ (저자 주) 시토: 동남아시아 조약기구

베트남의 해방은 인도차이나 전쟁이 불러온 고통 속에서 이루어졌습니다. 프랑스는 1954년 디엔비엔푸 전투에서 패배한 후 베트남에서 철군했고, 베트남은 한국처럼 북위 17도 선을 기준으로 분단되었죠.

북쪽에는 중화인민공화국의 지원을 받는 공산주의 정권, 남쪽에는 미국의 지원을 받는 민족주의 정권이 수립되게 됩니다.

이러한 상황은 오래가지 않았죠···.

미국은 북베트남 공산주의자들에게 보복하기로 했어요. 온 국가가 그들 손에 넘어가는 꼴을 볼 수는 없었으니까요. 공격에 대응하기로 한 겁니다.

말은 바로 해야죠. 미군은 전쟁을 시작하기 위해 공격을 당했다고 거짓 주장을 했어요. 1964년 통킹만에서 미군 선박이 북베트남의 함포 공격을 받았다고 꾸며낸 거잖아요···.

맞는 말입니다. 하지만 도미노 효과로 인한 공산주의 세력 확장이라는 공포를 떠올려 보세요···. 봉쇄의 필요성이 그만큼 컸다는 거겠죠!

1973년까지 미국과 북베트남 사이에 벌어진 베트남전쟁은 민간인에 대한 끔찍한 피해를 불러왔어요.

미국은 베트남에 7백만 톤 이상의 폭탄을 투하했는데, 이 양은 한국전쟁 동안 투하한 폭탄의 열 배에 달한다고 합니다.

지정학의 타당성이 도마 위에 올랐을 때, 스파이크만이 커다란 공헌을 하게 됩니다.

제2차 세계대전은 지정학을 대중의 영역으로 끌어냈어요. 그때까지만 해도 여러 이론은 여론에서 멀리 떨어진, 전문가들만의 논쟁 대상이었거든요.

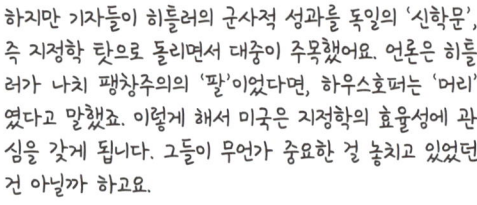

하지만 기자들이 히틀러의 군사적 성과를 독일의 '신학문', 즉 지정학 탓으로 돌리면서 대중이 주목했어요. 언론은 히틀러가 나치 팽창주의의 '팔'이었다면, 하우스호퍼는 '머리'였다고 말했죠. 이렇게 해서 미국은 지정학의 효율성에 관심을 갖게 됩니다. 그들이 무언가 중요한 걸 놓치고 있었던 건 아닐까 하고요.

미국 언론은 하우스호퍼의 뮌헨 지정학연구소에 관한 논쟁으로 떠들썩했어요. 사실 그런 건 존재하지 않았는데도 말이지요! 자극적인 것을 찾는 기자들이 만들어낸 허상이었죠.

병적인 흥미 본위의 보도가 휩쓸고 지나가면서 미국과 서유럽 국가들은 나치 정복의 동의어인 '신학문'을 금지했습니다. 스파이크만을 비롯한 학자들의 이론은 성공적으로 수용된 반면, 지정학은 매혹적이긴 했으나 나쁜 평판을 얻게 된 거죠.

한편 동유럽에서 스탈린은, 지정학적 합리성이라는 명목으로 1939년 나치 독일과 독–소 불가침조약을 체결하며 지정학 이론들에 매료되었죠. 그 첫 단계는 바로 폴란드의 분할이었습니다.

하지만 1941년 나치 독일이 러시아를 침공하면서 이 조약은 무산되었고, 이후 다시는 체결되지 않았어요!

소련과 모든 동유럽 국가들은 교육과정에서 지정학을 전면 금지했습니다.

프랑스에서도 많은 지리학자들이 하우스호퍼와 관련된 지정학을 외면했습니다. 1936년, 지리학자 자크 앙셀이 프랑스에서는 최초로 《지리학》이라는 제목의 저서를 출간했는데, 지정학 이론을 개진하기 위한 게 아니라, 범게르만주의를 비판하기 위한 작품이었어요.

이보다 조금 앞선 시대에 프랑스 지리학계에는, 19세기에 함께 등장했고 모든 면에서 서로 대립하는 두 명의 권위자가 존재했습니다.

두 지리학자는 향후 지리학이라고 평가하게 될 논리들을 자신만의 방식으로 발전시켰습니다.

하나는 파리코뮌* 가담자이자 이론가, 저명한 무정부주의자였던 엘리제 르클뤼입니다. 그는 수많은 저서를 출간했는데, 그의 지리학 저서들은 정치 및 사회문제를 주요하게 다뤘어요.

다른 한 사람은 대학교수, 보수주의자이며 현 질서를 우려하던 폴 비달 드 라 블라쉬입니다. 그는 지리학을 교과목으로 지정했고 모든 정치적 문제를 지리학에서 배제했는데…

…그의 말년에 딱 한 번의 예외가 존재했죠. 1917년 출간된 그의 저서 《프랑스 동부지역 La France de l'Est》에서 그는 프랑스와 독일의 국경선에 대한 견해를 저술하며, 정치학을 중점적으로 다뤘습니다. 그는 알자스와 모젤을 프랑스 영토로 되돌려놓아야 한다고 주장했죠.

★ (편집자 주) 1871년 프로이센·프랑스 전쟁에서 프랑스가 패배하고 나폴레옹 3세의 제2제정이 몰락하는 과정에서, 파리에서 일어난 민중 봉기. 혁명 정부는 72일 동안 존속하면서 민주적인 개혁을 시도하였으나 정부군에게 패배하여 붕괴되었다.

두 사람 모두 결정론보다는 가능론에 가까운 관점을 가지고 있었어요. 하지만 앞서 말했듯, 두 차례 대전의 안 좋은 기억만을 떠올리게 만드는 지정학은 프랑스에서도 설 자리가 없었죠⋯.

⋯본래의 지정학적 방법론을 개진하며 판을 뒤집은 이브 라코스테의 등장이 있기까지요.

당신이 등장할 당시 맥락을 짚어보죠. 때는 1968년, 프랑스를 뒤흔든 사회적 운동** 직후, 파리 8대학에서 당신이 강의를 하던 때입니다.

당시 파리 8대학은 뱅센 지역에 막 설립된 직후였어요. 해방과 실험이 중심이 된, 더욱 자율적인 교육을 원하는 대학생들의 요구에 부응하기 위한 거죠. 우리는 비달 드 라 블라쉬의 전통주의와는 거리가 멀었답니다.

당신은 쏟아지는 언론의 관심 속에서 유명세를 얻었습니다. 전쟁 중이던 베트남으로 직접 가서 홍하** 제방을 폭격한 미국 전략을 분석했죠.

당신은 미군의 포탄들이 제방을 파괴하기보다는 약화시켜 무너뜨리는 게 목적이라는 걸 알았어요. 마치 자연재해처럼 보이도록 말이죠. 그곳 주민들이 전부 익사하고 말 것은 불 보듯 뻔한 결과였어요!

★★ (편집자 주) 1968년 5월 프랑스에서 학생과 근로자들이 연합하여 벌인 대규모의 사회변혁운동.
★★★ (편집자 주) 68혁명을 상징하는 슬로건으로, 구체제에 대한 반항과 전복을 뜻한다. 포석은 도시와 소외를, 해변은 바캉스와 자유를 상징한다.
★★★★ (편집자 주) 베트남의 강으로, 이브 라코스테는 이곳에 위치한 홍하 제방에 대한 미군 공격을 신랄하게 비판했다.

이때의 당신은 지리학자였고, 지정학을 하나의 연구 방식으로 여기진 않았죠. 그러나 당신이 조사한 바는 전 세계에 영향을 끼쳤고 미군의 폭격이 중단되는 결과를 가져왔어요.

여세를 몰아 당신은 지리학에 변화를 가져오고, 지리학을 교실 밖으로 이끌어내는 일을 계속했어요. 독일이 남긴 유산과의 단절을 꾀하며 지정학의 명예를 회복하는 일에 매진했어요.

당신은 1976년, 최초의 지정학 잡지이자 오늘날에도 발간되는 《헤로도토스》를 창간했고, 대학교에서 지정학 강의 및 연구 센터를 운영했어요. 이는 훗날 프랑스 지정학연구소로 발전하게 되죠.

잡지 이름이 헤로도토스라고? 저 사람 진짜 유명인 맞네!

제 경력을 언급해 주셔서 감사합니다만, 그보다 더 중요한 건 제가 도입한 표상들의 개념입니다. 하나의 표상은 한 영토의 이해당사자를 이루는 관념에 의해 정의됩니다. 이 관념은 진실일 수도 허구일 수도 있지만, 그게 중요한 게 아닙니다. 관념 그 자체와, 그것이 다른 이해당사자들과 갈등을 일으킨다는 것이 중요하죠.

예를 들어, 사람들이 신성하다고 여기는 어떤 영토가 하나 있다고 칩시다. 이들은 그곳을 별 생각 없이 그저 점유할 수 있는 공간이라고 여기는 사람들과 대립하게 됩니다. 이 표상은 관념의 단계에 머물지 않고, 이해당사자들의 행동에 영향을 줍니다. 그리고 전자의 사람들은 신성한 영토 주변에 조직을 결성하고, 그것을 수호하기 위해 무기를 사용할 수 있겠죠.

관념이 현실로 탈바꿈한다라⋯ 이해가 잘 안 되는데?

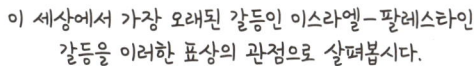

이 세상에서 가장 오래된 갈등인 이스라엘-팔레스타인 갈등을 이러한 표상의 관점으로 살펴봅시다.

얘들아 좀 진정해!

팔레스타인의 영토라면 어딜 말하는 거죠?

서쪽으로는 지중해, 요르단 동쪽으로는 요르단의 사막, 남쪽으로는 시나이반도, 그리고 북쪽으로는 레바논 산으로 둘러싸인 근동 지역을 말합니다.

하지만 실제 이 지역의 경계는 이스라엘 국가와 팔레스타인 점령지라는 두 정치적 객체들에 의해 유지되는 표상들의 싸움에 따르고 있습니다.

1947년 유엔의 경계선이 맞아!

1949년 휴전 때 그린 라인이 맞아!

이 갈등은 어떻게 해결해야 하죠?

유대인들과 팔레스타인 아랍인들의 표상은 아주 오랜 역사를 가지고 있습니다. 그 기원을 따지면 거의 창세기까지 거슬러 올라가죠! 성경에 따르면 아브라함의 두 아들인 이스마엘과 이삭이 각각 아랍민족과 유대민족을 낳았다고 합니다. 아브라함은 '다양한 민족의 아버지'라는 뜻을 갖죠.

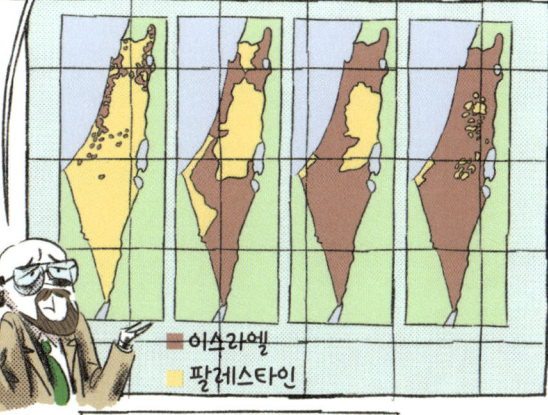

그냥 구글맵에서 확인하면 안 되나?

유대인들의 표상에 따르면, 신은 아브라함과 그 후손들에게 '나일 강부터 유프라테스강까지'에 해당하는 팔레스타인 지역을 주겠다고 약속했다고 합니다. 이를 영토 정복 계획으로 보는 사람도 있죠.

또 다른 표상에 따르면, 다윗과 골리앗의 전설적인 전투가 바로 이 팔레스타인에서 일어났다고도 합니다. 이는 히브리인(팔레스타인에 거주하는 유대인)과 당시 그들의 적이었던 블레셋인*을 의인화한 것이죠.

19세기부터 이러한 영토에 대한 표상은, 중부 및 동부 유럽 유대인의 소수 지식인과 관련된 표상으로 변화합니다. 실제로 이들 민족 대다수가 굴곡진 역사를 지나며 유럽에 정착하게 됐거든요.

가나안/팔레스타인 국가의 기근으로부터 이집트로 도망

이집트 탈출, 시나이에서 방랑 후 팔레스타인으로 복귀

네부카드네자르 2세에 의한 바빌로니아로의 강제 이주

페르시아 황제 다리우스 2세, 유대인들이 바빌로니아를 떠나 예루살렘으로 이주하도록 방치

유대인들은 예루살렘에서 로마인들에게 쫓겨남

등등...

유럽 중에서도 이들이 정착한 곳은 폴란드, 발트해 국가들, 러시아 제국 서부, 오스트리아, 헝가리, 독일이었어요.

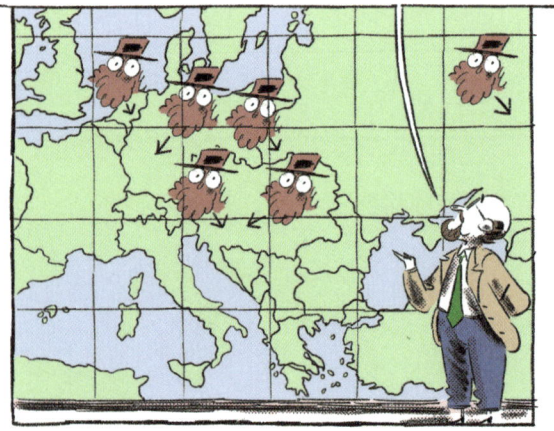

이후 유대인 박해와 랍비들의 보수주의에 염증을 느낀 대다수 유대인들이 프랑스와 미국으로 이주했어요. 나머지는 이주를 거부하고 정치적으로 행동하기로 결심했습니다. 바로 리투아니아, 폴란드, 러시아의 유대인 노동자를 대표하는 사회주의 혁명 노동조합 분트(유대인 일반노동조합)를 통해서였죠.

분트

★ (편집자 주) 고대 팔레스타인 민족 가운데 하나. 기원전 13세기 말 에게해에서 팔레스타인의 서쪽 해안으로 침입하여 정착한 비셈계 민족으로 이스라엘인을 압박했다.

랍비에 의해 좋지 못한 평가를 받았던 일부 지식인들은 예루살렘을 일컫는 성경 용어인 '시온'으로 복귀하자는 운동인 시온주의를 결성했어요. 시온주의자들은 유대인 민족주의 정서를 바탕으로 하는 정치적 이데올로기를 발전시키며, 과거 히브리인들이 추방당하기 전에 살았던 팔레스타인에 유대 민족국가를 세우자고 제안했고⋯

⋯영국은 시온주의자들에게 '영국령 우간다 계획'하에 소수 유럽계 유대인들이 떠돌던 케냐의 일부 영토에 유대인 국가 설립을 제안하기도 했죠.

결국 시온주의자들은 정착을 위해 팔레스타인으로 떠났어요. 당시 원주민들이 살고 있던 이 영토의 표상은 '약속의 땅'과는 조금도 닮지 않았답니다.

서쪽 해안의 평야는 질퍽했고, 말라리아를 퍼뜨리는 모기들로 우글댔어요. 이 평원은 모기들의 기세가 약화되는 겨울에, 고원에 사는 집단에게 방목지로 쓰였죠. 대다수 아랍민족은 이곳을 피해 고원 지대에 살았는데, 예루살렘이 바로 여기에 속합니다.

한 가지 알아 둘 것은 시온주의자들이 도착하기 전, 이곳 팔레스타인에도 유대인들이 살고 있었다는 겁니다. 소수의 고집 센 아랍계 유대인들로, 이들의 공동체를 '구 이슈브'라고 부릅니다.

젊은 시온주의자들은 땅을 경작하고 싶어 했어요. 그들에게는 금지된 행위였죠. 프랑스어 'cultiver(경작하다)'라는 단어는 라틴어 'colere(갈다)'에서 기원했으며, 어원적 의미로 보면 이주 개척자를 뜻하죠.

이곳 상황은 대다수 다른 이주민 집단 정착촌과는 달랐어요. 팔레스타인 최초의 이주민들에게는 정치적 영향력도, 어떤 국가로부터의 지원도 없었죠. 지금과는 완전히 딴판이죠?

농사일이 진척되고 말라리아 치료제가 도입되면서 점차 평원은 살 만한 곳이 되어갔어요. 유대인 이주민들의 정착은 사회주의 이상에 의해 부추겨진 키부츠(집단농장)라는 마을 협동조합의 탄생과 함께 빠른 속도로 진행되었죠.

1917년, 벨푸어 선언 당시 영국은 "팔레스타인을 유대민족을 위한 집으로 만드는 것을 긍정적으로 생각한다"라고 밝혔죠.

제1차 세계대전이 한창일 때 동맹국들의 상황은 어려워졌고, 영국 총리 데이비드 로이드 조지는 벨푸어 선언을 반겼던 미국계 유대인들의 영향력을 이용해, 미국이 유럽에 개입하기를 바랐어요.

하지만 오스만제국과의 대립 상황에서 아랍 측 지지를 얻기 위해, 영국은 아랍 국가들에게도 팔레스타인의 국가 수립을 이중으로 약속했습니다.

1918년, 오스만제국은 멸망했고, 중동은 영국과 프랑스 지배하에 놓였습니다. 영국이 유대인들과 아랍인들에게 했던 약속은 빠르게 잊혔죠. 영국은 예루살렘에 자리를 잡고, 그곳 땅에 헤로도토스가 만들어낸 용어를 떠올려 '팔레스타인'이라는 이름을 붙여주었습니다.

해안 평원 지역에 거주하던 이들은 속았다는 걸 깨달았죠. 유대인들과 아랍인들 사이, 그리고 영국 당국에 대한 갈등이 격화되게 됩니다.

히틀러가 취임하면서 팔레스타인 내 유대인 인구는 1931년과 1935년 사이에 두 배로 증가했고, 영토의 대규모 매입으로도 갈등을 누그러트릴 수 없었죠.

제2차 세계대전 이후, 두 진영 내에서 표상들은 변화를 겪었어요. 홀로코스트의 충격은 유대인 국가의 통합에 새로운 의미를 부여했죠. 알리야(히브리어로 팔레스타인으로의 이주를 지칭하는 용어)는 더욱 대규모로 이루어졌고, 아랍 국가들 입장에서는 유대인 이주민들을 이 상주의 농사꾼들보다는 침략자로 여기게 됩니다.

이스라엘 국가 수립을 허용한, 팔레스타인에 대한 영국 위임통치가 공식적으로 종료하기 전인 1948년 5월…

···시리아, 요르단, 레바논, 이라크, 이집트 군대가 비교도 되지 않는 수의 군사를 이끌고 키부츠를 공격했습니다. 이스라엘의 패배는 불 보듯 뻔한 일이었죠.

그러나… 과거 식민 피지배 국가들이었던 아랍국가 연합은 단 한 번도 제대로 된 군대를 일으켜 본 적이 없었지만, 이스라엘에게는 유럽 내 유대인 박해에 대항했던 자기방어 조직(하가나), 나치에 대항한 준군사조직(팔마), 아랍과 영국군에 맞선 군대조직(이그룬, 레히) 출신의 든든한 정예부대와 자원군들이 있었죠.

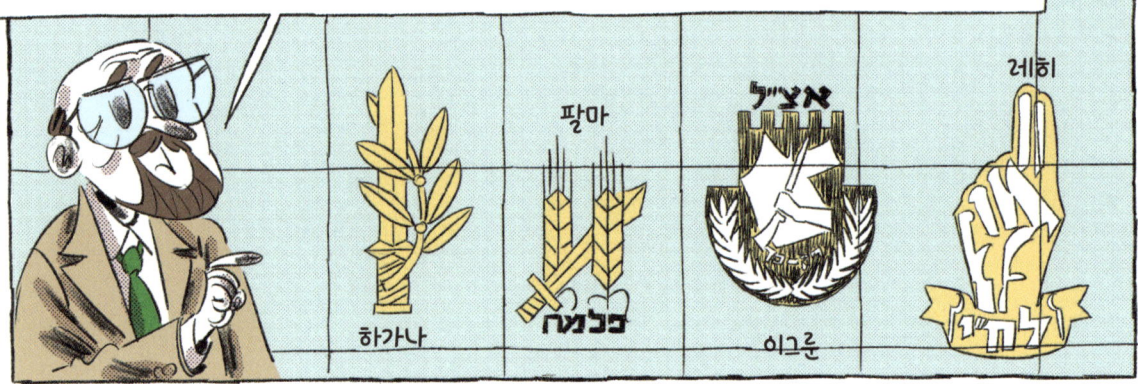

전투는 1949년에 종결되었고, 팔레스타인 내 아랍인들은 쫓겨나 해안 평원 지대를 떠나야 했습니다.

1948년 아랍인 70만 명이 피난했던 사건을 아랍인들은 '나크바(재앙)'라고 불러요. 이 사건은 팔레스타인으로의 복귀라는 권리 문제와 갈등을 바라보는 아랍인들의 표상에 결정적인 영향을 줍니다.

반대로 마그레브* 지방과 중동의 유대인 약 30만 명은 자국을 떠나 이스라엘에 정착했습니다.

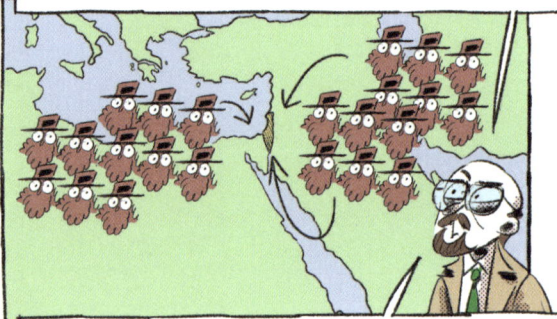

과거 유대인과 아랍인이 공존했다면, 이때의 집단 이주 사건은 두 집단을 영원히 갈라놓는 계기가 되었죠.

모순적인 것은 국제적으로 유일하게 인정을 받은 이스라엘 국경과 1948년 이스라엘 정부가 인정한 국경은 고대 이스라엘 영토와 완벽히 들어맞지 않으며, 오히려 역사적으로 히브리인과 적대 관계였던 블레셋인들의 영토와 일치한다는 점입니다….

1967년 6월 이집트, 시리아, 요르단에 의해 발발하여 짧게 끝난 제3차 중동전쟁(일명 '6일 전쟁')은 미군으로부터 군용기와 무기를 제공받은 이스라엘의 승리로 끝났습니다.

★ (편집자 주) 리비아, 튀니지, 알제리를 포함하는 아프리카 서북부 지역을 이르는 말. 언어와 종교가 같다.

이스라엘은 예루살렘, 1948년부터 수많은 난민 캠프가 존재했던 가자 지구와 서안 지구, 거대한 시나이반도와 수에즈 운하의 동쪽 지대를 점령했어요. 이스라엘인들은 다마스쿠스가 위치한 평야가 내려다보이는 골란 고원뿐 아니라, 티베리아스 호수까지 흘러들어 가는 수원 대부분이 위치한 요르단 계곡 상부도 차지했죠.

그 후, 이스라엘 정부는 유엔 결의안에 따라 예루살렘을 제외하고 그들이 점령한 영토를 반환하기로 하는데, 그 대가는 바로 이스라엘의 합법성을 인정하는 평화조약을 맺는 것이었습니다.

1979년, 이집트와의 평화조약 결과로 시나이반도가 반환되었어요. 1994년에는 요르단과의 평화조약도 체결되었고, 요르단은 서안 지구를 돌려받는 대신 그곳을 미래 팔레스타인 자치 정부를 위한 지역으로 지정하였죠.

요르단의 판단이 옳았다고 할 순 없겠어···.

시리아와는 아무런 평화조약도 체결되지 못했어요. 그 결과 이스라엘은 이후 골란 고원을 합병했고, 시리아는 골란 고원의 반환을 계속해서 요구하고 있죠.

6일 전쟁이 지정학에 가져온 결과 중에서 가장 중요한 것은, 독실한 유대인들 대부분이 이전까지 이스라엘 국가에 대해 가지고 있었던 표상에 거대한 변화가 생겼다는 사실입니다.

이들은 이스라엘 왕국의 복원은 오로지 메시아의 강림으로만 가능한 일이라 믿었고, 따라서 이스라엘이 일으킨 전쟁은 어떤 면에서 신의 의지에 반하는 거라고 여겼어요. 그래서 심지어 시온주의자들을 불경한 자들이라고도 여겼죠.

이들 중 일부는 1967년 이스라엘의 승리로 인해 커다란 충격을 받았고, 결국 이스라엘이라는 국가가 신의 도움으로 승리했다고 설득당하기에 이릅니다.

그 이후 이들은, 이스라엘의 본래 영토이자 나일강에서 유프라테스강에 이르는 성경에 묘사된 '약속의 땅'인 에레츠 이스라엘(이스라엘의 땅)을 되찾아, 이때의 승리를 완성시켜야만 한다고 여겼죠.

어떤 이들은 이스라엘 국기의 파란 띠가 나일강과 유프라테스강을 상징하는 것이라고 주장하기도 했습니다···. 공식적으로 이는 유대인의 기도용 숄의 끈을 가리키는 것인데도 말이지요.

1973년 10월, 또 한 번의 전쟁이 일어났습니다. 바로 욤키푸르 전쟁이죠. 교전국은 이전과 같았지만, 아랍 국가가 이전에 비해 더욱 무장되었고 탄탄히 조직되었다는 점이 달랐어요. 충돌로 인한 사망자 수도 훨씬 더 많았죠.

소련은 동맹인 아랍 국가들을 위해 공중보급망을 구축했고, 이스라엘은, 미국이 공중보급을 해주지 않는다면 자신이 가진 모든 수단을 동원하겠다고 경고했어요.
최후의 수단으로 핵무기를 들먹이며 협박한 거죠···.

시리아 전선은 포화로 물들며 격렬한 교전이 일어났고, 이집트 전선 역시 이스라엘 방위군을 골치 아프게 만들었어요.

이집트 대통령 안와르 사다트는 이전 전쟁의 모욕을 씻고 시나이반도를 되찾기 원했지만, 이스라엘을 파멸시키려 했던 전임 나세르의 목표가 헛된 것임을 깨달았어요.

그는 자국 경제 발전에 집중하는 편을 택했습니다. 그는 방향을 틀어 소련이 아닌 미국의 원조를 받기로 했습니다. 미국은 중동에 발을 들일 수 있게 된 것에 기뻐하며 이집트와의 동맹을 받아들였죠.

한편 이스라엘에 원조를 제공했던 서구 국가들을 처단하기 위해 OPEC* 회원국인 아랍 국가들은 석유 수도꼭지를 틀어 막았어요. 그렇게 원유 가격이 치솟았죠, 이것이 제1차 오일쇼크입니다. 지정학적 이권이 처음으로 세계 경제에 영향을 끼친 사건이기도 하죠….

안와르 사다트는, 1981년 무슬림형제단의 이슬람주의자들에 의해 암살당해 그 대가를 톡톡히 치러야 했답니다.

영토 문제에서 비롯한 갈등은, 시간이 흐르면서 종교적인 문제가 더욱 커다란 비중을 차지하게 되었죠.

유대인들에게 예루살렘은 다윗 왕과 아들 솔로몬의 도시이자, 예수가 그곳에서 부활절을 기념했고 기독교인들을 위해 수난을 겪은 장소였어요. 반면에 무함마드는 그곳에서 '밤의 여정'을 거쳐 무슬림을 위해 예루살렘 바위의 돔 사원에서 하늘로 날아올랐죠.

바글바글하고만!

유대인 이주민 집단은 성경을 지침서로 삼아 정착했어요. 일반적으로 정착지는 전략적 장소, 서로 다른 두 지형을 이어주는 통로 지점, 수원水源이나 관측 지점이었는데 말이지요.

독실한 유대인 집단은, 이 모든 장소를 되찾은 뒤에야 비로소 메시아가 강림할 거라 믿고 있답니다.

★ (저자 주) 석유수출국기구

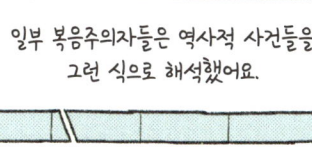

일부 복음주의자들은 역사적 사건들을 그런 식으로 해석했어요.

예고된 일련의 재앙들 = 홀로코스트로 인한 유대인 추방과 박해

영예로운 복귀 = 시온주의의 성공과 이스라엘 국가의 재건

승리의 전쟁 = 1948년, 1967년, 1973년 아랍 국가들에 대하여 승리한 전투들, 그리고 유대인들을 개종시키기 위해 돌아온 예수….

이스라엘 국가는 물론 이 같은 해석을 믿지 않지만, 현재로서는 그들에게도 유리하게 작용하고 있습니다. 아랍인 정착촌 정책을 위한 귀한 동맹을 제공해 주고 있거든요.

이러한 갈등은 언제까지 지속할까요? 수호자 미국이 이스라엘을 보호하기 위해 언제까지고 백지수표를 써줄 것 같지는 않아요. 이라크와 아프가니스탄에서의 실패 이후, 미군은 점차 동아시아로 눈을 돌리고 있죠.

역사는 반복되곤 하죠. 현재로서는 이웃 아랍 국가들이 큰 앙심을 품은 것처럼 보이지 않지만, 이란은 레바논 국경에서 민병대 헤즈볼라를 무장시키고 이스라엘과 주기적으로 싸우면서 활동을 재개했죠.

이 갈등에 대해서도 자세히 말하자면 할 말이 많지만, 지금은 그게 중요한 게 아닙니다. 저는 영토와 관련한 세력 싸움과 경쟁 구도에, 표상이 미치는 영향을 보여주고 싶었어요.

많은 이들은 이 이론이 '서구 중심주의western-centrism'적이며, 번영기에 이른 한 세계의 시각에 불과하다고 비판했습니다. 그들의 번영이란 역사에 매여 있고, 생존을 위해 투쟁하고 불의에 맞서 싸워야만 하는 일부 인류를 착취하여 얻어낸 것이죠.

허술한 후쿠야마 이론으로 인해 또 다른 이론가가 요란하게 등장합니다. 후쿠야마의 대학 시절 은사인 하버드 대학교수 새뮤얼 헌팅턴을 이 자리에 모셨습니다!

서구 중심주의… 글자 맞추기 할 때 써먹어야지.

제가 1993년에 발표한 논문도 큰 성공을 거뒀죠. 제목은 〈문명의 충돌인가?〉입니다. 저도 책으로 출간할 때는 의문형을 고쳤어요. 오랜 제자에게, 제게도 확신이 있다는 걸 보여주려 한 겁니다. 프랜시스는 아무것도 몰라요.

공산주의의 종말이 이데올로기 갈등을 종결시킨 건 사실이나, 그 대신 문화적 정체성을 일깨웠죠. 그로 인해 다양한 문명들이 각자가 중요하게 여기는 가치, 그중에서도 종교를 강요하기 위해 서로 갈등하게 됩니다.

후쿠야마는 수업 중에 졸았나 봐?

역사를 조금 거슬러 올라가 보죠. 교통수단이 제한적이라서 수 세기 전 각 문명은 일정 부분 자급자족하는 방식으로 발전할 수 있었어요. 하지만 대대적인 정복 전쟁과 식민화가 일어났던 시기부터는 문명들이 엄청난 변화를 맞이하게 됩니다.

그렇게 서구는 자신들의 이데올로기를 널리 퍼뜨릴 수 있었죠. 그러나 20세기가 되자 장애물에 부딪힙니다. 대다수 피지배 국가 엘리트 계층은, 초기에는 서구 이데올로기를 받아들였습니다. 그러나 그들의 후손은 다른 길을 통해야만 식민지 해방이 이루어진다는 걸 알았고, 고유문화로부터 비-서구문명이 점차 확립되게 된 겁니다.

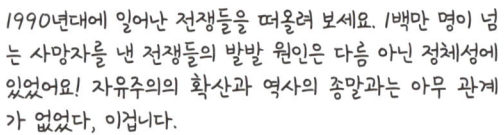
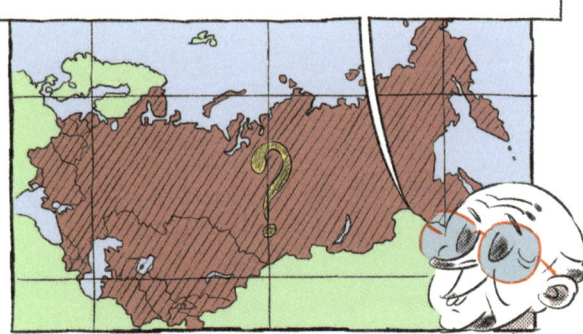

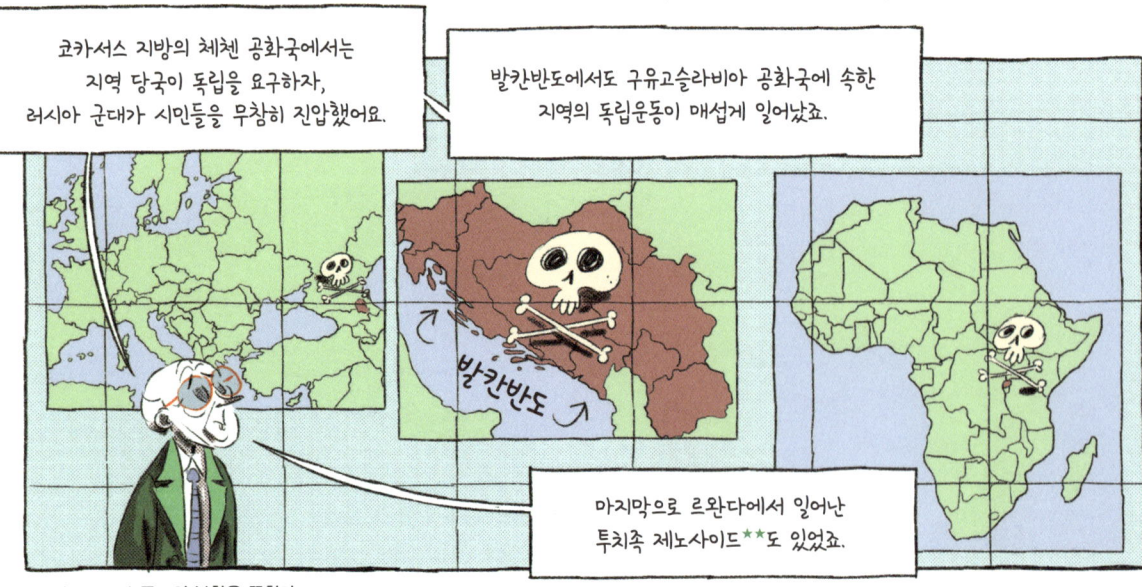

★ (편집자 주) 종교의 부활을 뜻한다.
★★ (편집자 주) 아프리카 르완다와 부룬디에는 총인구의 약 10% 내외의 투치족이 거주하고 있다. 이들은 수백 년 전 이곳 원주민인 후투족을 물리치고 지배자가 되었다. 그러나 서구 지배에서 벗어난 후 후투족에 의한 투치족 대학살이 벌어졌다.

이 갈등들은 서로 다른 문명들이 대립하는, 더 커다란 규모의 갈등의 서막에 불과합니다. 문명의 충돌이 임박한 거죠!

그 문명들이 위치한 지역의 지도를 그리셨겠죠?

그럼요.

모든 문명은 언어, 역사, 제도, 법, 의복, 그리고 특히 종교처럼 사람들을 하나로 모으는 속성을 가지고 있습니다. 그렇게 지리적 공간을 여러 개의 문명권으로 나눌 수 있는데…

중국권 — 또는 중화권이라고도 합니다. 이 문명권이 중국 영토를 넘어 동남아시아 전체를 포함하기 때문이죠 — 은 3500년도 더 전에 자리 잡았죠.

중화권에서 비롯되어 기원후에 등장한 젊은 문명권인 일본권이 있습니다.

아프리카권도 있고요.

힌두권은 중화권이 생겨난 이후 혹은 그보다 더 최근에 생겨났어요.

마지막으로 중세 시대부터 확립된 서구권이 있는데, 여기에는 유럽, 북미, 호주, 뉴질랜드가 포함됩니다.

이슬람권은 아라비아반도에서 유래하여 7세기부터 확장되었죠.

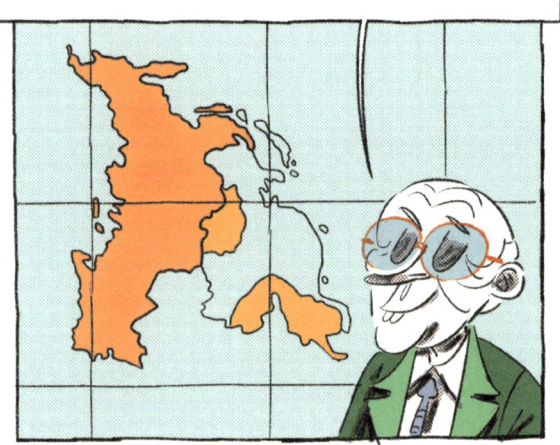

맞습니다. 제 이론의 또 다른 중요한 점은 각 문명권이 '중앙'이라고 불리는 정부에 기반을 두고 있으며, 그것의 역할은 문명권을 안정화하고 갈등이 생겼을 때 다른 문명권과 협상하는 것이라는 사실입니다.

거기서 끝이 아니잖아요. 당신은 예언도 서슴지 않았어요!

저는 서구 패권의 시간이 끝나가고 있다고 확신했어요. 인구 감소와 경제적 우위의 약화야말로 무시할 수 없는 하나의 신호탄처럼 보였거든요.

이슬람 문명에서 공산주의와 자유주의 같은 서구 이데올로기가 급속히 붕괴한 것은, 주로 그곳을 통제하는 중앙 패권 국가의 부재 때문이었습니다.

사우디아라비아, 튀르키예, 이란이 서로 중심 국가가 되기 위해 대립하는 모습을 보세요. 서로 동의하는 법이 없죠.

이슬람권에는 또 다른 속성이 있는데, 바로 단순한 경제적 지배를 뛰어넘어 보편주의라는 목적을 지닌 가치들을 내세운다는 겁니다.

서구권과 똑같네요…

'문명의 충돌' 이론이 세계 무대 전면에 나서게 되는 중대한 사건이 일어나죠. 다들 이 장면을 기억하실 거예요…

2001년 9월 11일, 미국은 자국 영토에서 공격을 받았습니다. 3,000명의 사망자를 낸 테러였죠.

미국 국민은 충격에 빠졌습니다. 그들의 오랜 적인 공산주의는 소련과 함께 사라지지 않았던가요? 이 끔찍한 일을 일으킨 아프가니스탄 출신의 알카에다라는 이슬람주의 조직은 어쩌다가 이런 불행의 근원이 된 걸까요?

당신의 이론은 거의 예언이 되었네요···. 많은 사람들은 이 테러를 이슬람과 서구의 대립으로 이해합니다. 정치인들, 그중에서도 당시 미국 대통령이었던 조지 W. 부시가 당신의 이론을 꺼내들었죠.

네. 하지만 부시는 제 이론에서 약간 비껴갔어요. 저는 문명권이란, 중앙정부를 통해 대등하게 협상할 수 있는 사람들의 권역을 가리킨다고 설명했는데, 부시는 다르게 해석했거든요.

그는 '문명'이라는 이름을 붙일 수 있는 건 오직 서구뿐이라고 생각했어요. 그는 일부 국가들을 '미개'하다고 규정하면서, 그들의 독자적인 정체성을 깡그리 무시했죠.

탈레반이 그들 지역에 있는 알카에다 조직원 인도를 거부하자, 미국은 아프가니스탄을 침공했어요.

조지 W. 부시는 아프가니스탄보다 더 멀리 봤어요. 그가 원하는 건 이제 중동의 재편성과 '문명의 구축'이었죠.

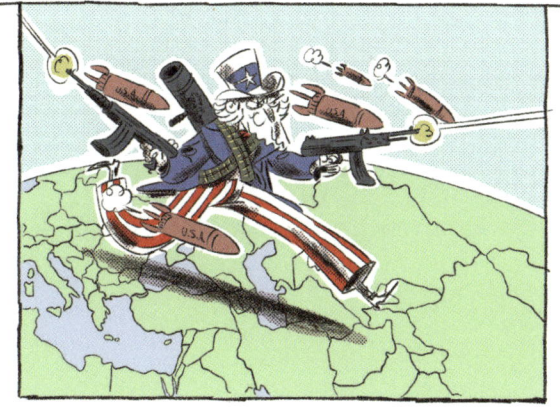

이는 무력으로 서구의 가치들을 전파하려는 계획을 품고 있던 — 신보수주의 — 정치 고문들이 그에게 심어준 가치관이었답니다.

'대大중동'이라는 용어를 사용해 부시 행정부는, 마그레브부터 마쉬끄*, 아라비아반도, 시리아, 이라크, 이란, 아프가니스탄을 지나 파키스탄에 이르는 이슬람 문화권에 위치한 모든 지역을 조정할 계획이었어요.

범게르만주의자들도 유럽 국가 지도를 새로 그렸었다는 걸 기억하세요. 마찬가지로 미국 잡지 《국방 저널》은 새로 그린 국경선, 국가와 함께 중동 지역의 새로운 지도를 떠먹여 주듯 제시했어요.

이 지정학적 프로젝트의 첫 단추는 바로 이라크였어요. 미국은 2003년 '예방 전쟁'이라는 가짜 구실로 이라크를 침공했죠.

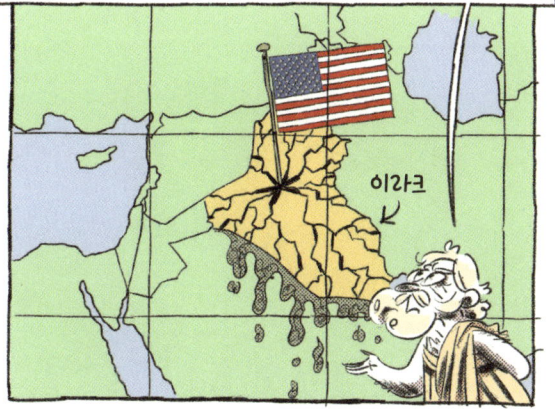

미국 국무장관 콜린 파월이 '탄저균'이 들었다는 약병을 흔들어댔던 유명한 일화가 기억나!

★ (편집자 주) 아랍어로 '해가 뜨는 곳'을 의미하며, 이집트를 기준으로 이라크 동부까지의 아랍 세계 동쪽에 속하는 지역을 일컫는다. 북아프리카 서부를 가리키는 마그레브에 대응해 사용한다.

이 '대중동' 프로젝트는 일명 '부시 독트린'에 속합니다.

부시 독트린은 일방적으로 미국의 경제적 이권에 따르게 하려는 것이 특징입니다. 프랑스가 유엔 안전보장이사회에서 거부권을 행사하겠다고 위협했을 때, 미국은 그것을 무릅쓰고 이라크를 침공했고, 사담 후세인 독재정권을 무너뜨렸습니다.

미국은 도미노 이론을 다시 꺼내 들면서, 이라크 정권에 불어온 변화의 바람이 중동의 모든 국가, 정권에도 불어닥칠 거라 믿었죠.

'명백한 운명' 이데올로기가 다시 등장했습니다. 미국은 자유, 정의, 진보라는 가치를 전파하는 신성한 임무를 계속해서 수행해야만 했던 겁니다.

부시 독트린은 "우리와 함께하거나, 우리를 거스르거나"라는 슬로건을 내세우며, 이라크, 이란, 북한 등을 포함하는 '악의 축'을 무찔러야 한다는 흑백논리를 펼쳤습니다.

결과는 끔찍했죠. 도미노 이론이 사실로 드러났어요···. 안타깝게도 민주주의 체제 전환이 아닌, 내전이 꼬리에 꼬리를 물고 일어났고, 20년이 지난 지금도 현재진행형입니다.

시민에 의해 일어난 혁명이 국가를 내전에 빠트렸던 이웃 국가 시리아는 이후, 인종 청소를 통해 인구 대학살을 끊임없이 자행하는 이슬람 제국의 수립을 지켜봐야 했습니다.

한편 20년 동안 아프가니스탄을 점령했던 미국은, 2022년 철군하면서 아프간을 그들이 전복시켰던 탈레반에 넘겨주다시피 했죠. 다시 원점으로 돌아간 아프간에서는 15만 명 이상이 죽어 나갔다고 하니, 통탄할 일이 아닐 수 없어요.

저는 단지, 냉전 시기 동안 서구 이데올로기를 바탕으로 이원화되었던 세계의 종말과 여러 문명에 기반을 둔 다극 세계의 시작을 이론화했을 뿐이에요.

신보수주의자들이 제 이론을 가져다가 제국주의와 그들의 '신성한 임무'를 정당화하는 데 이용한 거죠….

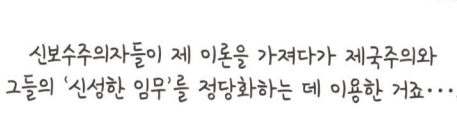

그들이 중화권을 가지고 똑같은 짓을 하지 않아야 할 텐데요….

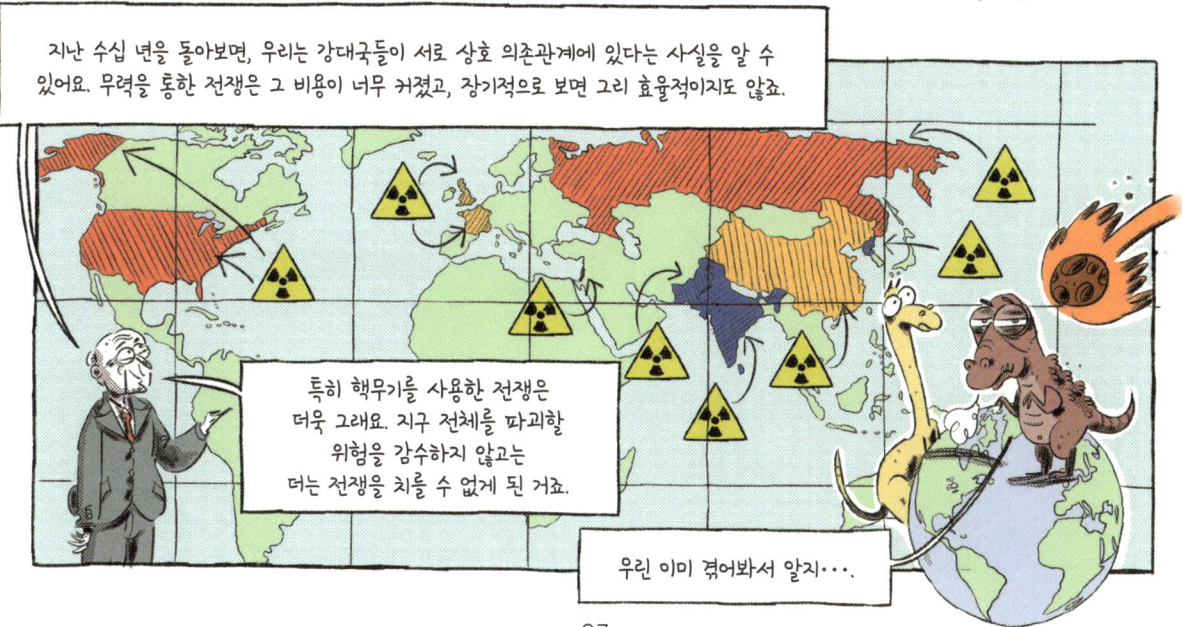

그럼 국가는 힘을 어떻게 써야 합니까?

꽃을 쓰라는 건 아닐 거 아냐···.

아이들 키울 때를 떠올려 보세요. 무력을 쓰면 잠깐은 말을 듣게 할 수 있겠지만, 아이가 사춘기에 이르면 곯았던 게 터져버립니다.

반대로, 아이들도 당신이 원하는 걸 원한다면 아무런 문제가 생기지 않죠.

국가도 마찬가지입니다!

우리에게 이익이 되는 정책을 펼치도록 국가를 무력으로 강제하지 말고, 스스로 그런 결정을 내리도록 교묘하게 영향을 미치는 거죠.

형편없는 자기계발서 같은 말이잖아? 납득이 안 되는데?

최면이라도 걸라고?

국가는 부드러운 힘, 즉 '소프트파워'를 개발해서 자신에게 이익이 되는 방향으로 다른 국가들에 영향을 미쳐야 합니다.

그렇다고 군사력이나 경제력과 같은 '하드파워'를 완전히 포기해야 한다는 말은 아닙니다. 단기적으로는 효과적이거든요.

우선 소프트파워는 한 나라 국민이 공동으로 향유하는 가치들을 만들어내야 합니다. 이를 위해서 국가는 역사, 문화, 이데올로기, 제도를 무기로 활용하죠.

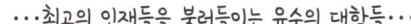

미국은 어떤 국가와도 비교할 수 없는 소프트파워를 가지고 있어요. 우리는 자유주의가 이데올로기로 자리 잡은 것을 목격했죠. 다른 국가들은 주기적으로 비판하지만, 자유주의는 여러 국민에게 널리 확산되었고 무기만큼이나 강력한 요소라 할 수 있습니다.

이런 무기를 가지고 있으면 한 국가를 침략하기 위해 군사마저 필요하지 않아요…

나이 씨 조심하세요. 이 촬영장에서 그런 액션은 위험해요!

…GAFAM*을 통한 정보통신 수단들…

…무의식을 형성하는 할리우드 영화들…

…우리가 통제하는 IMF**, WTO***, 세계은행과 같은 제도가 확립한 국제법…

…최고의 인재들을 불러들이는 유수의 대학들…

…또 국제통화의 패권을 쥐고 있는 우리의 화폐가 있다면 말이죠!

더 말하자면 끝도 없어요! 미국의 가치는 많은 국민들의 정신을 지배하고 있고, 우리 힘을 유지하길 원한다면 그것이 계속되도록 관리만 하면 됩니다.

★ (편집자 주) 구글·애플·페이스북·아마존·마이크로소프트의 첫 글자를 더해 만든 용어. 미국 정보기술(IT) 5개 공룡 업체를 가리킨다.
★★ (저자 주) 국제통화기금
★★★ (저자 주) 세계무역기구

그럼 이 소프트파워란 것은 어떻게 관리하나요? 전쟁터에서 폭탄을 투하하듯 할 수는 없는 거잖아요….

맞습니다. 간단하지 않은 일이죠.

소프트파워는 하드파워와 연계되어 있어야 합니다. 이 둘을 혼합해야 '스마트파워' 혹은 능숙한 힘을 완벽하게 사용할 수 있어요. 욕망과 억압을 적절히 혼합해야 다른 국가의 최선의 동조를 얻어낼 수 있죠.

만약 소프트파워의 힘을 무시한다면 반드시 후회하게 될 겁니다.

냉전 시대 때 소련과 미국은 군비에 있어서는 대등한 규모로 인식되었죠. 그런 소련이 패배했던 건, 소프트파워 면에서 완패했기 때문입니다.

제2차 세계대전 직후의 소련은 굉장히 매력적이었어요. 파시즘에 대한 저항과 봉기를 상징했거든요.

하지만 소련이 1956년 헝가리, 1968년 체코슬로바키아를 침공하며 하드파워를 사용했고, 소프트파워가 취약해지는 것을 전혀 개의치 않았어요….

★ (저자 주) 표트르 차다예프, 《부인에게 보내는 철학 편지(1830)》

20세기 초, 이들은 유럽의 슬라브 민족이 거주하는 서쪽부터 극동 지방까지 공간을 아울러 '유라시아(유럽 대륙과 아시아 대륙을 단순히 합친 게 아니에요)'라고 명명했어요. 남쪽으로는 튀르크 민족 거주 지역을 경계로 삼았죠.

유라시아주의자들이 사용한 상징

이들은 역사적으로 세계의 무게중심이 여러 번 바뀌었다고 생각했어요. 고대에는 중동의 이집트였다가, 지중해의 그리스와 로마, 유럽의 제국들인 프랑스, 영국, 독일을 거쳐, 마지막으로 중심에 모스크바를 둔 유라시아 지역으로 이동했고, 따라서 러시아가 세계를 지배할 차례라고 말이죠.

이러한 상상에 더해 러시아가 신성한 운명을 가졌다는 믿음과 함께 러시아 정교회의 메시아사상이 더해졌어요.

러시아도 자신들이 구원받을 거라 생각했군. 그러면 다가올 메시아가 대체 몇 명인 거지? 누구든 알랑이라도 울려주면 좋겠네···.

유라시아주의 지지자들은 서구, 그리고 서구와 연결된 자유주의 이데올로기를 버렸어요. 공산주의도 그들의 눈에는 별 흥미가 없었죠. 공산주의는 반종교적이라 그들의 신념과 완전히 반대되는 것이었으니까요. 유라시아주의는 사회적으로나 역사적인 현실이 결여된 이상주의였답니다.

이탈리아의 파시즘에서 영향을 받아 유일 정당, 권위주의적 지도층, 개인의 모든 자유의 박탈을 옹호하죠.

유라시아 영토가 규정되었으니 이제 유라시아에 속한 국가와 민족들이, 러시아가 이끄는 정치 질서를 따르게 할 일만 남았습니다. 이들은 풍부한 자원이 국민들을 안전하게 지켜주니 '팍스 러시카(러시아에 의한 평화)'가 균형을 가져올 거라고 말하죠.

유라시아주의는 1990년 소련이 붕괴하면서 확립되었어요. 현행 질서에 문제 제기가 일자, 수많은 러시아 지식인들은 러시아 정체성 재확립을 위해 유라시아주의를 재-동원했어요.

모든 정당들이 앞다퉈 유라시아주의 지도를 내세웠어요. 강력했던 러시아 제국 시절에 대한 향수가 먹힌 겁니다. 구소련 공화국들의 몰락을 보면 이해할 수 있을 거예요….

무엇보다도 보리스 옐친을 통해 서구 자유주의를 자리 잡게 하려던 시도는 완전히 실패로 돌아가게 됩니다.

우리의 마지막 초대 손님은 이름에서 느끼는 이미지와 달리 미국인인데요, 바로 즈비그뉴 브레진스키 씨입니다!

와아! 글자 맞추기에 고유명사를 쓸 수만 있으면 이 이름이 딱인데!

발음이 좀 어렵죠?

앉으세요…. 당신은 지미 카터에서 버락 오바마에 이르기까지 권력자들의 신뢰를 한몸에 받았죠.

맞아요. 하지만 조지 W. 부시의 중동 침략에는 전혀 관여하지 않았답니다….

당신의 의견이 궁금하네요. 러시아에 까다로운 이 시기를 어떻게 분석하십니까?

당연하게도 당사국들은 유라시아에서 자신들의 영향력을 키우고 싶어 합니다. 당사국이라고 하면 예전이나 지금이나 러시아, 독일, 프랑스, 중국, 일본, 인도가 있어요···. 미국도 여기에 속하지만, 거리가 멀기 때문에 승리하려면 파트너십을 맺어야 해요.

주축국들은 당사국들이 필요로 하는 자원의 공급을 차단할 수 있는 지리적 입지를 지니고 있다는 점에서 주요한 역할을 합니다. 당사국들은 주축국을 방패처럼 사용할 수도 있습니다.

주축국에는 우크라이나, 아제르바이잔, 이란 또는 튀르키예가 있어요.

이들은 러시아가 남쪽으로 확장할 수 있는 가능성을 차단하고 있습니다. 한국 역시 극동에서 미국의 가교 역할을 하는 주축국 중 하나죠.

당신 이전에도 그런 말을 한 사람들이 있었죠. 해퍼드 매킨더의 심장 지대, 니콜라스 스파이크만의 림랜드···.

하지만 전 한 발짝 더 나아갔어요! 미국이 체스 게임에서 승리할 수 있는 전략을 대통령들에게 제공했죠. 저는 관대합니다. 원하시면 당신에게도 조언해 줄 수 있어요···.

첫째, 유라시아의 중심부가 서유럽에 끌려와야지, 그 반대가 되면 안 됩니다. 우리는 유럽 국가들이 유럽연합과 우리의 군사동맹 나토에 참여하기로 결정했을 때 매우 기뻤답니다. 저는 이 연합에는 발트해 국가들, 특히 우크라이나와 같은 동유럽 국가들이 포함되어야 한다고 적었는데, 이러한 사실이 긴장을 유발했죠.

고작 긴장? 누가 저 사람한테 지금 우크라이나에서 전쟁이 일어났다고 좀 알려줘라!

둘째, 유라시아 남부는 정치적으로 안정되지 않은 지역일 뿐 아니라, 하나의 당사국이 지배해서는 안 됩니다. 중앙아시아는 불안정하고 분할된 공간을 형성하고 있기에, 저는 이곳을 '유라시아의 발칸'이라고 불러요. 유럽의 발칸 국가들처럼 이 지역은 민족적·종교적으로 구분되고, 그곳에 뿌리내린 정권이 취약하다는 특징이 있죠. 그러니 갈등은 이미 예견되었던 거라고 봐야죠….

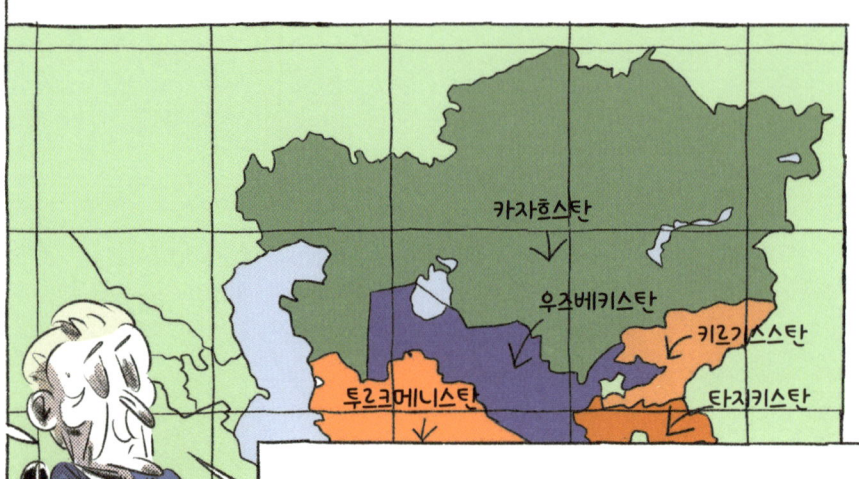

풍부한 에너지 자원이 매장되어 있어 우리 체스판의 핵심으로 떠올랐어요.

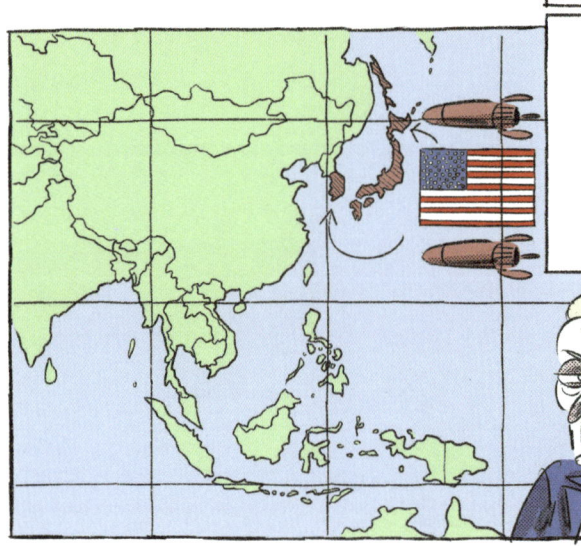

셋째, 동쪽에서는 그게 무엇이든, 단일 정치 조직이 형성되도록 두면 안 됩니다. 그랬다가는 일본이나 한국에 있는 우리 미군 기지가 추방될 테니까요. 이 지역의 경제는 번영한 반면, 우크라이나 중앙아시아처럼 갈등이 격화될 위험은 적어요.

체스 게임은 단순하지 않아요. 우리의 적인 러시아는 자신의 제국주의 야망을 위해 이 지역에 사활을 걸었고, 계속해서 싸움을 걸 겁니다.

유라시아주의는, 소련의 붕괴를 국제 무대에서 소련 권력의 후퇴라고 여겼던 모든 민족에게 이상으로 다가갔어요.

러시아 이론가 알렉산드르 두긴은 많은 언론에 반동적이고 권위주의적인 연설을 떠뜨리고, 러시아 정교회의 메시아사상을 취하면서 이와 같은 감정을 증폭시켰죠.

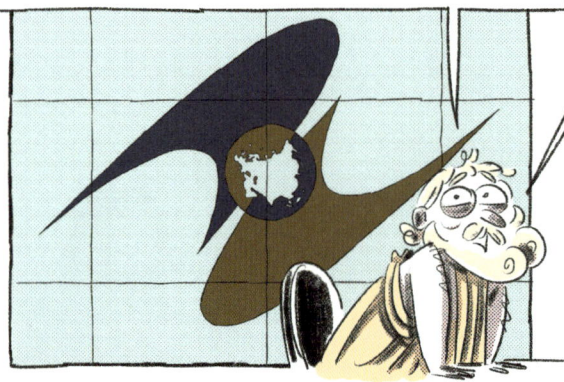

알렉산드르 두긴

그는 새뮤얼 헌팅턴의 문명의 충돌 이론에 찬사를 보냈는데, 유라시아주의와 마찬가지로 러시아를 완전히 독자적인 하나의 문명으로 묘사했기 때문입니다.

두긴은 새로운 유라시아주의를 주장했는데, 민족-국가 개념, 계몽주의 시대로부터 계승된 합리주의, 문화적 자유주의와 같은 서양의 개념을 모두 외부의 적처럼 반박했죠.

제가 '거대한 체스판' 이론을 소개했던 1997년에, 두긴은 《지정학의 기초》를 출간했어요. 러시아 대중뿐 아니라 그가 목표로 한 군대에까지 자신의 사상을 전파하게 만든 작품이었죠.

러시아 정권에까지 영향을 주었나요?

카를 하우스호퍼 안에서 히틀러의 전략을 엿보았던 미국 언론의 망령이 떠오르는데요···.

러시아 대통령 블라디미르 푸틴, 자신의 계획을 추진하는 데 알렉산드르 두긴의 책을 읽을 필요가 없었어요. 우리가 지정학에 미치는 영향력을 너무 과대평가하진 마세요···.

푸틴은 유라시아 경제연합이라는 지역 통합 계획을 출범하는 데 있어, 유라시아주의의 지정학 계획으로부터 영향을 받긴 했습니다. 이는 러시아, 벨라루스, 카자흐스탄, 아르메니아, 키르기스스탄과 같은 일부 구소련 국가로 이루어진 단체로, 유럽연합과 같은 방식으로 관세동맹을 맺고 정치적 조약을 체결하는 것을 목적으로 하죠.

관세동맹으로 그치지 않았죠···.

소련이 무너졌을 때 우크라이나는 1991년에 다시 독립국가가 되었습니다. 그런데 지금 우크라이나는, 나토와 유럽연합에 가입시킴으로써 자신의 진영으로 묶으려는 서구와, 우크라이나를 러시아 세력권 안에 계속 두려는 러시아가 전쟁을 벌이는 전쟁터로 전락했죠.

우크라이나 대통령 빅토르 야누코비치가, 2013년 유럽연합과 진행하던 협상을 파기하고 유라시아 경제연합 쪽으로 등을 돌리면서, 키이우 거리에서는 국민들이 친유럽과 친러시아로 분열하면서 싸움이 벌어지기도 했어요.

← 빅토르 야누코비치

그래 기억난다! 시위자들이 키이우에 집결했던 광장의 이름을 따서 '유로마이단' 혁명이라 불렀지. 그리고 전국으로 퍼져나갔던 것 같은데···.

러시아는 흑해로 군대가 접근할 수 있는 요충지인 세바스토폴 러시아 군사기지가 위치한 크림반도를 합병하기 위해 우크라이나를 침공하기로 했죠.

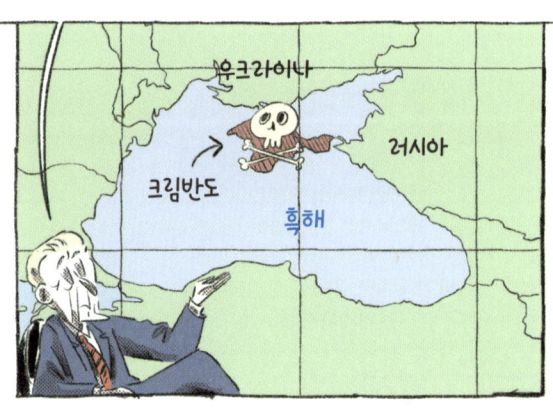

러시아의 지원을 받은 친러시아 시위대는 재빨리 우크라이나 동부 도네츠크와 루간스크를 장악하고 분리 독립을 시도했어요. 이곳은 향후 수년 동안 전쟁이 일어나게 될 회색지대입니다. 바로 돈바스 전쟁이죠.

결국 블라디미르 푸틴은 더 속도를 내기로 결심했네요···.

★ (편집자 주) 몰도바에 위치한 미승인 국가.
★★ (편집자 주) 몰도바 내에 있는 자치 구역.

제작진이 곧 방송이 끝날 시간이라고 알려주네요.

오늘 방송이 약 100년에 걸쳐 발전되어온 다양한 지정학 이론들을 개괄하는 기회가 되셨길 바랍니다.

살펴본 대로, 지정학은 때론 이데올로기를 합법화하거나 심지어 정복을 정당화하기 위해 사용하는 자칭 '과학적' 담론이 될 수도 있지만, 다행히도 아예 다른 것이 될 수도 있습니다.

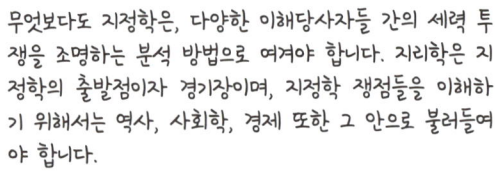

무엇보다도 지정학은, 다양한 이해당사자들 간의 세력 투쟁을 조명하는 분석 방법으로 여겨야 합니다. 지리학은 지정학의 출발점이자 경기장이며, 지정학 쟁점들을 이해하기 위해서는 역사, 사회학, 경제 또한 그 안으로 불러들여야 합니다.

점차 이러한 분석 방법을 사이버공간, 소셜 네트워크, 정보통신 및 디지털 경제와 같은 것들을 분석하는 데 사용하고 있다는 사실을 안다면 여러분은 무척 놀라실 겁니다…. 이브 라코스테를 비롯한 《헤로도토스》 잡지의 연구진들은 몇 시간이고 해당 주제로 이야기를 하겠죠….

등장 인물

헤로도토스 (기원전 약 480-425)

할리카르나소스(현재 튀르키예의 보드룸) 출신의 그리스인 헤로도토스는 역사, 지리학, 인류학과 같은 다양한 학문의 선구자이다. 기원전 1세기, 로마 문인이자 변호사였던 키케로는 그를 '역사학의 아버지'라고 불렀다. 《역사》라는 제목으로 묶은 그의 저술들은 전투원에 대한 취재를 통해 메디아 전쟁과 그 원인을 다루고 있다. 헤로도토스는 이집트, 시리아, 페르시아 왕국, 코카서스, 발칸반도를 여행하면서 만난 민족을 글로 묘사했다. 그들이 사용하는 기술, 의복, 신념, 생활방식, 심지어는 겉모습에 대한 설명이 매우 상세히 기술된 것이 특징이다.

프리드리히 라첼 (1844-1904)

독일 카를스루에 출신인 프리드리히 라첼은 본래 약학과 조교였지만, 자연과학 공부를 지속하며 1868년에는 하이델베르크 대학에서 동물학 박사 학위를 받았다. 1870~1871년에는 프로이센-프랑스 전쟁에 자원했다. 여행을 결심하고 여행지(프랑스, 이탈리아, 헝가리, 쿠바, 멕시코)에 관한 글을 써 발표하면서 여행 저널리스트로 유명세를 얻었다. 그중 미국에서 깊은 인상을 받았고, 미국은 그의 연구 주제 중 하나가 된다. 이후 지리학으로 전공을 바꾸어 1876년 새로운 박사 — 중국 출신 이민자에 관한 지리학 — 학위를 받고 뮌헨 대학에서 강의를 시작했다. 지리학자로서 명성을 얻게 된 것은 라이프치히 대학에서였다. 그는 그곳에서 1882년과 1891년 사이, 《인류지리학》이라는 제목으로 저술을 발표하면서 처음으로 '레벤스라움'이라는 개념을 소개했다. 국가를 성장과 소멸 과정을 겪는 유기체에 비유하면서 그는, 독일 제국주의와 독일보다 약한 이웃 지역에 대한 정복을 정당화했다. 그의 명성은 독일을 넘어 세계로 알려졌고, 독일 식민협회(1882) 및 범게르만주의 연맹(1891)과 같은 여러 제국주의적 조직을 출범하게 했다.

앙드레 셰라담(1871-1948)

프랑스 기자 앙드레 셰라담은 중부 유럽과 발칸반도 여행을 통해 당시 주요한 지정학 문제들을 습득했다. 독일 및 오스트리아-헝가리 제국 내 국가적 문제들에 관심을 갖고 떠난 여행이었다. 학계 및 제도상의 지리학 변두리에서 움직이며, 그는 다양한 저술을 통해 범게르만주의적 지배 계획을 고발하는 데 일생을 바쳤고, 지도의 사용과 특히 영어를 통한 대대적인 확산 덕분에 제법 유명세를 얻었다.

루돌프 쉘렌(1864-1922)

스웨덴 예테보리 대학교수인 루돌프 쉘렌은, 프리드리히 라첼의 유기체론적 개념을 취해 국가와 국가의 권력에 관한 학문을 구상했다. 1899년 잡지 《위미르(Ymer)》에서 스웨덴 국경 문제를 다룬 기사를 발표하면서 '지정학'이라는 단어를 (재)등장시켰다. 그는 한 국가의 여러 속성을 세밀하게 분류하는 데 몰두했는데, 국가는 그것이 이끄는 사회와 혼동되어 나타난다. 그로부터 국가들 사이의 위계질서를 구분했다. 쉘렌에게 있어 독일은 지배할 운명을 가진 국가였다. 그는 범게르만주의의 열렬한 찬양주의자를 자처했다.

카를 하우스호퍼(1869-1946)

군인 출신인 하우스호퍼는, 뮌헨 대학에서 독일과 일본 제국의 관계(그는 1908년부터 1910년까지 일본에 주둔했다)에 대한 박사 논문으로 지리학자가 되었다. 라첼과 쉘렌의 이론을 이어받아, 특히 친한 사이가 된 루돌프 헤스(히틀러 부관)에게 지리학을 가르쳤다. 1924년과 1944년 사이, 범汎주의(panisme)에 관한 자신의 이론을 발전시키기 위한 잡지 《지리학 논총》을 창간해 대성공을 거두었다 — 잡지는 1951년과 1968년 사이에 재발간되었다. 나치 정치계와 가까웠지만, 유대인 출신 여성과 결혼했다는 의심을 받았다. 루돌프 헤스에 의해 보호받았지만, 제2차 세계대전이 종식되면서 명예를 잃고, 독일 경찰에 의해 아들 하나를 잃은 뒤 1946년 아내와 함께 자살로 생을 마감했다. 루이 포웰스와 자크 베르기에가 쓴 책 《마술사의 아침(1959)》은, 아돌프 히틀러와 나치 신비주의자들에게 하우스호퍼가 영향을 주었다고 비판했다.

앨프리드 머핸(1840-1914)

'해군 철학자' 앨프리드 머핸은 미국 남북전쟁 당시 미 해군으로 복무했고, 미국 뉴포트 해군참모대학교장이 되어 교직과 집필에 매진했다. 1890년 출간한 그의 저서 《시 파워가 역사에 미치는 영향 1660-1783》은 대성공을 거두었고, 머핸은 군사 전략 분야의 최고 권위자로 떠오르며 시 파워 개념을 발전시켰다. 그의 명성은 그를 미국 대통령 시어도어 루스벨트와 가까워지게 했으며, 루스벨트는 그의 이론을 받아들여 미국 해군을 현대화했다. 머핸의 영향력은 해양 정책에만 국한되지 않았다. 그는 비교적 약하다고 판단되는 민족들은 굴복시켜야 한다는 제국주의적 원칙들을 확립했다. 그는 1902년 미 언론지 《내셔널 리뷰》에 기고한 《페르시아만과 국제관계》에서 처음으로 '중동'이라는 용어를 사용했다.

해퍼드 매킨더(1861-1947)

해퍼드 매킨더는, 영국에서 초등학교 때부터 지리학을 가르치게 만든 영국 현대 지리학의 아버지로 불린다. 그는 나치 정권 아래에서 카를 하우스호퍼에 의해 변질된 '지정학'이라는 용어 사용을 기피했다. 하지만 1904년, 런던 왕립 지리학회에서 발표한 '역사의 지리학적 주축'과 심장 지대에 관한 연설, 그리고 1919년 출간한 자신의 이론을 전개하며 제1차 세계대전의 평화조약 협상을 논쟁 대상으로 만든 그의 저서 《민주주의적 이상과 현실》로 지정학의 선구자 중 하나로 평가받는다. 반공산주의자였던 그는 러시아를 고립시켜야 한다고 주장했으며, 1943년 마지막 기고문에서 심장 지대에 관한 자신의 시각을 상세히 기술했다. 1895년에는 명문 런던정경대학교의 공동창립자로서 고등교육에도 기여했다.

니콜라스 스파이크만(1893-1943)

네덜란드 출신으로, 앨프리드 머핸과 해퍼드 매킨더의 결정론적 이론을 읽고 비판하며 지정학 전문가가 되기 위해 미국에서 유학했다. 자위력에 기반을 둔 미국 안보에 관해 연구했고, 이를 림랜드 이론과 세력 균형의 유지로 설명했다. 냉전의 시작을 알리는 미국 봉쇄정책이 시행되기 이전에 사망했다.

이브 라코스테(1929-)

이브 라코스테는 1929년 당시 프랑스 보호령이었던 모로코 페스에서 태어났다. 1950년대 초부터 알제리에서 강의했고 알제리 독립운동에 가담했다. 베트남 전쟁 중 홍하 제방에 대한 미군 폭격에 관해 조사했고, 1972년 프랑스 일간지《르몽드》에 기사를 발표하면서 국제적인 명성을 얻었다. 나치의 사용으로 인해 이미지가 나빠진 지정학을 쇄신하기로 결심했다. 잡지《헤로도토스》및 베아트리스 지블랑이 설립한 프랑스 지정학연구소를 중심으로 지리학 지식을 재정의하고, 분석 방법으로서 지정학을 발전시킬 많은 학자를 결집하였다. 그의 업적은 지정학의 부흥에 기여했다. 2000년에는 여러 국가의 지리학자들로 구성된 심사위원단으로부터 보트랭 뤼드 상(지리학계의 노벨상)을 받았다.

새뮤얼 헌팅턴(1927-2008)

총명한 학생이었던 새뮤얼 헌팅턴은 미국 하버드 대학에서 23세부터 강의를 시작했고, 그곳에서 평생 교수로 재직했다. 그의 저서《문명의 충돌》은 2001년 9월 11일 테러가 일어나기 몇 년 전에 구상한 예언에 가까운 그의 이론으로, 세계적인 성공을 거두었다. 9·11테러는 미국에 중동에서의 끔찍한 전쟁을 불러온 새로운 독트린의 시작을 알렸다. 이 독트린은 종종 새뮤얼 헌팅턴의 이론과 연관이 있다고 잘못 판단되기도 한다. 실제로 그는 문명의 공간들을 갈등이 발생할 수 있는 곳으로 규정했지만, 그것은 미국의 고립주의 전통을 지적하고, 서구 제국주의의 꼭두각시와 같은 신보수주의자들이 내세우는 보편 가치들을 비판한 것이었다.

조지프 나이(1937-)

새뮤얼 헌팅턴과 마찬가지로 조지프 나이는 미국 하버드 대학에서 강의했다. 미국의 고립주의는 미국 패권을 잃게 할 뿐이라는 사실을 깨달은 그는, 주도권을 유지하려는 목적에서 국가 권력의 속성을 다시 생각했다. 지정학에서 전통적으로 연구되어온 하드 파워(군사력, 경제력, 인구)에서 벗어나, 그는 소프트파워(설득의 힘)에 집중했고, 소프트파워가 독립한 국가들 사이 경쟁 속에서 매우 중요해질 것이라고 보았다. 1990년 출간된 그의 저서 《선도할 운명: 미국 권력의 본질적 변화》는 세계적인 성공을 거두었다. 정치계의 권위자로서, 그는 지미 카터 행정부의 국무차관보, 빌 클린턴 행정부의 국방차관보 등, 여러 민주당 대통령 행정부에서 많은 직책을 지냈다.

즈비그뉴 브레진스키(1928-2017)

폴란드 바르샤바에서 태어난 즈비그뉴 브레진스키는, 폴란드 외교관으로 일했던 아버지를 따라 캐나다 몬트리올에서 성장하고 수학했다. 미국 하버드 대학교에서 소련에서의 숙청 정책에 관한 논문으로 박사 학위를 받았고, 러시아를 중심으로 한 그의 이론의 시작을 알렸다. 해퍼드 매킨더에 영감을 얻어 그는 유라시아 영토를 강대국들이 두는 거대한 체스판으로 묘사했다. 1989년 베를린 장벽이 붕괴되면서 미국 외교 정책에 많은 영향을 미쳤다.

단칼에 이해하는 만화 지정학

초판 1쇄 발행 2024년 9월 5일

지은이 뱅상 피오레
그린이 니콜라 고비
옮긴이 이수진
펴낸곳 (주)태학사
등록 제406-2020-000008호
주소 경기도 파주시 광인사길 217
전화 031-955-7580
전송 031-955-0910
전자우편 thspub@daum.net
홈페이지 www.thaehaksa.com

편집 조윤형 여미숙 김태훈
마케팅 김일신
경영지원 김영지

값 17,500원
ISBN 979-11-6810-307-8 03980

"주니어태학"은 (주)태학사의 청소년 전문 브랜드입니다.

"인간은 너무 많은 벽을 세우지만, 다리는 충분히 만들지 않는다."
아이작 뉴턴